建筑
钢笔画

叶武 编著

Pen-and-ink Drawing of Architecture

U0390089

化学工业出版社

·北京·

本书从专业需求出发，内容涵盖建筑钢笔画的入门基础、建筑钢笔画的透视规律与表达、建筑钢笔画配景的表现技法、建筑钢笔画的综合表现，重点讲解构图、具体案例的绘制步骤，并通过对博物馆建筑、欧式别墅、商业建筑、高层建筑、异形建筑等类型建筑的作品展示，使读者在赏析、临摹诸多风格的建筑钢笔画的同时，切实地掌握建筑钢笔手绘基础技法。全书图文并茂、内容精美，在撰写过程中，注重对绘画经验的总结与传授。

本书适用于高等院校建筑学、环境设计、城乡规划、风景园林、土木工程及室内设计专业，以及从事相关行业的从业人员及爱好者使用。

图书在版编目（CIP）数据

建筑钢笔画/叶武编著. —北京：化学工业出版社，
2018.6（2024.2重印）
ISBN 978-7-122-31924-1

Ⅰ.①建… Ⅱ.①叶… Ⅲ.①建筑画-钢笔画-
绘画技法 Ⅳ.①TU204

中国版本图书馆CIP数据核字（2018）第073876号

责任编辑：张　阳　　　　　　　　　　　　装帧设计：王晓宇
责任校对：王　静

出版发行：化学工业出版社（北京市东城区青年湖南街13号　邮政编码100011）
印　　装：北京建宏印刷有限公司
889mm×1194mm　1/16　印张7　字数190千字　2024年2月北京第1版第6次印刷

购书咨询：010-64518888　　　　　　　　　售后服务：010-64518899
网　　址：http://www.cip.com.cn
凡购买本书，如有缺损质量问题，本社销售中心负责调换。

定　　价：35.00元

前言
PREFACE

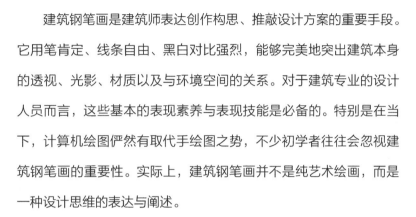

　　建筑钢笔画是建筑师表达创作构思、推敲设计方案的重要手段。它用笔肯定、线条自由、黑白对比强烈，能够完美地突出建筑本身的透视、光影、材质以及与环境空间的关系。对于建筑专业的设计人员而言，这些基本的表现素养与表现技能是必备的。特别是在当下，计算机绘图俨然有取代手绘图之势，不少初学者往往会忽视建筑钢笔画的重要性。实际上，建筑钢笔画并不是纯艺术绘画，而是一种设计思维的表达与阐述。

　　本书在讲解建筑钢笔画入门的基础上，进一步阐述了建筑钢笔画的透视规律与表达、建筑钢笔画配景的表现技法、建筑钢笔画的综合表现，并有大量的建筑钢笔画案例欣赏。全书通过对建筑钢笔画原理的系统讲解和技法训练的生动展示，由浅入深，能够使读者快速掌握钢笔工具，逐步熟练建筑钢笔画的徒手绘制。

　　在本书的编写过程中，得到了天津大学建筑学院多位老师的帮助和指导，得到学院领导及行业专家学者的关怀与支持，书中选用了天津大学建筑学院老师和学生们的设计作品，在此一并致谢！书中难免存在不妥之处，望各位同行和广大读者给予批评指正，以便书的进一步完善。

叶武
2018年3月

目录
CONTENTS

目录
CONTENTS

01
Chapter

第 1 章

建筑钢笔画的入门基础

建筑钢笔画是运用钢笔工具表现建筑的艺术形式。从广义上来讲，凡对与建筑内容有关的事和物进行描绘的图和画，我们均可称之为建筑表现。早在我国古代社会，描绘建筑内容的表现就有很多，也可以说自从有了建筑以来，就有了建筑表现。到了两汉时期，这些描绘更是栩栩如生（图1-1），四川成都出土的汉画像砖上所绘的住宅图，更是近似于现代的立面图（图1-2），汉画像砖上所绘的图甚至还有剖面图和轴测图。再如北宋画家张择端所作的《清明上河图》，生动清晰地反映出北宋末年汴梁城大量的农舍、店铺、桥梁、城楼以及繁华的商业街等（图1-3）。

图1-1

图1-2

图1-3

图1-4

图1-5

建筑钢笔画是对建筑的一种艺术表现，是一种融绘画艺术与建筑艺术为一体的技法，因其丰富多彩的表现手段而具有独特的审美价值和实用价值。面对日新月异的现代社会，建筑表现主要体现在以下两方面。

① 对现代社会人类生活中与建筑息息相关的各种场景进行表现，反映人居生活及社会发展（图1-4）。

② 对现代建筑设计意图进行表现，主要涉及建筑设计的表现及表现技法（图1-5）。

建筑表现也不同于一般的绘画，在形象感受上以及表现要求上都有着自己特殊的一面，充分显示了具有专业特色的真实性、科学性与艺术性。

（1）专业特色的真实性

建筑表现图的特点首先是专业特色的真实性。建筑形象的构成受到建筑结构、材料、施工、经济等多方面因素的控制，同

时，还需要受到建筑功能、自然条件以及人文环境的制约。所以，在建筑表现时，绝不容许随意挥洒，单纯追求画面效果，它必须符合建筑尺度的准确性、建筑形体的严密性，真实地表现出建筑形体、色彩、质感和环境，以真实美好的形象供业主和有关部门参考（图1-6）。

图1-6

（2）绘画严谨的科学性

为了保证客观的真实性，必须以科学的态度来对待建筑表现，综合运用几何透视学、光学、色彩学等学科知识，借助于不同的绘图仪器和工具，力求表现出建筑的时代感（图1-7）。

图1-7

图1-8

（3）舒展典雅的艺术性

　　虽然建筑表现图必须具有一定的真实性与科学性，但同时也需要具有舒展典雅的艺术性，从而较好地表现建筑艺术的不同风格、流派，以及艺术情趣，并表达它的意境（图1-8）。各种类型的建筑，或高耸挺拔、简洁有力，或典雅抒情、宁静安适，都有它们各自特有的造型、功能、色彩和情调，凡此种种都可以通过建筑表现的形式予以艺术表达。

　　随着建筑业的迅猛发展，建筑表现的手段与种类也在不断创新和深化。建筑表现图正作为一种实用艺术异军突起，形成了一个崭新的、独立的领域。利用钢笔来表现的建筑钢笔画简便而又实用，可根据不同的表达意图，绘制不同的表现效果。

1.1　绘图工具及其选择

1.1.1　绘图用笔

（1）钢笔

　　钢笔是众所周知的一种书写工具。在时代发展及绘画工具提升中，设计师不断地完善钢笔的性能，使得钢笔越来越多地被应用于各种领域的绘画当中。根据用途，钢笔可分为普通钢笔和美工钢笔。

　　图1-9为普通钢笔。美工钢笔的笔尖是略微上翘的，主要用于书法及特殊绘画表现。图1-10为美工笔笔尖示意图。

图1-9　　　　　　　　　　　　　　　　　　　　图1-10

　　钢笔根据笔尖粗细的不同，可以分为多种，设计师常用粗细不同的钢笔来绘制不同的线条、完成绘图工作。笔尖从粗到细，变化多样，最常见的钢笔笔尖尺寸以B、M、F以及EF为主，由粗到细依次是B>M>F>EF。使用者可以根据画面效果及自己的需求使用不同粗细的笔尖（图1-11）。

　　在建筑钢笔画手绘中，较细的钢笔笔尖可以用来绘制黑白建筑线稿，较粗的笔尖可以用来添加线稿中简单的明暗关系。价格相对昂贵的钢笔有金笔和铱金笔两种，笔尖采用黄金或者铱金合金制成（图1-12）。作为建筑手绘之用，无论是美工笔还是普通钢笔，甚至更便捷的签字笔、针管笔等，只要粗细合适、书写流畅就足以胜任。如果想要使钢笔具有稳定的性能，需要定期养护钢笔。

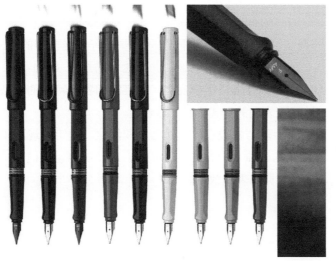

图1-11　　　　　　　　　　　　　　　　　　　　图1-12

（2）针管笔

　　针管笔是一种相对较为专业的绘图工具，其笔身是钢笔状，笔头拥有不同的规格，一般为0.1～2.0mm不等。不同的笔头可以绘制出不同宽窄的均匀线条，常用于专业图纸绘制。市面上现在更为广泛使用的是一次性针管笔，又称草图笔。这种针管笔的优势是将笔头由传统的钢针换成了尼龙棒，使用起来更为快捷方便，而且基本不存在传统针管笔经常需要维护的缺点（图1-13）。

在建筑钢笔画所使用的工具中，针管笔有着极其重要的地位，由于其笔头的特性，可以使其更出色地完成一些细致线稿的绘制工作，比如0.1mm的针管笔所做的细节处理是其他一般钢笔所不能达到的。虽然一次性针管笔有着很多的优越性，但是针管笔在正规图纸上绘制线条的时候需要笔身与纸面尽量保持垂直，这样才能保证画出均匀一致的线条，否则，不仅对针管笔有损害，而且画出的线条也经常出现断断续续的情况。只有正确使用针管笔才能最大限度地发挥它的优势。

（3）签字笔

签字笔在平时的生活与学习中经常使用，是会议笔、中性笔等的统称，一般分为水性签字笔和油性签字笔两种。水性签字笔的绘制痕迹较容易清理，油性签字笔的绘制痕迹一般只有用酒精才可以去除。签字笔的笔尖也可分为滚珠结构和类似一次性针管笔的尼龙结构，可以说是一种介于钢笔和针管笔之间的更方便使用的绘制工具，而且相对于钢笔和针管笔，其价格也较为低廉，是一种性价比很高的绘画工具（图1-14）。

图1-13

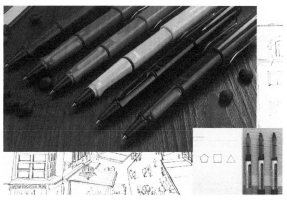
图1-14

在具体的建筑绘画中，绘图用笔中的铅笔、自动铅笔常作为草图和起形的工具；钢笔、针管笔、签字笔常用作加深线稿或者直接绘制黑白效果图的工具；马克笔、彩色铅笔、水彩笔等常作为上色工具；其他的绘图用笔利用得较少，通常作为辅助绘制工具和特殊表现形式时使用。

1.1.2 纸品和底材

钢笔画的用纸是没有严格规定的，除非要表现特殊的效果，一般如素描纸、速写纸、卡纸、水彩纸、布纹纸、有色纸，甚至宣纸都可以。

（1）速写本

速写本是最常见的绘画工具，是用来进行速写创作和练习的专用本。它一般分为方形和长方形，开本大小不一，一般长方形的以16开、8开、4开尺寸居多；纸张较厚，纸品较好，多为活页，以方便作画，有横翻、竖翻等样式。小的速写本可以随时随地记录下你的想法和创意；大一些的速写本可以绘制一些比较精细的作品，而且方便保存；还有一些速写本自带一些辅助工具，可以作为野外写生之用。速写本种类众多，除了大小不同以外，速写本内的纸张也各不相同，一定要弄清楚是普通纸，还是牛皮纸或者底纹纸等（图1-15）。

图1-15

（2）绘图纸

绘图纸是一种专门用来绘制工程图、机械图、地形图等的纸，其质地紧密而强韧，无光泽，尘埃度小，具有优良的耐擦性、耐磨性、耐折性，适于用铅笔、墨汁笔等的书写。

（3）印刷纸

印刷纸是供各种印刷物使用的纸的统称，也是我们最经常使用的一种纸品，其强度一般足以承受各类绘画技法的绘制过程。根据印刷方法的不同，纸张具有特定的性能。

① 凸版纸。凸版纸是采用凸版印刷书籍、杂志时的主要用纸。凸版纸的纤维组织比较均匀，同时纤维间的空隙又被一定量的填料与胶料所填充，并且还经过了漂白处理，这就使得这种纸张对印刷具有较好的适应性。凸版纸具有质地均匀、不起毛、略有弹性、不透明、稍有抗水性能及一定的机械强度等特性。

② 新闻纸，也叫白报纸，是报刊及书籍的主要用纸。纸质松轻，有较好的弹性。这种纸不宜用于书写及一般绘画。

③ 胶版纸。胶版纸主要供平版（胶印）印刷机或其他印刷机印刷较高级的彩色印刷品时使用，如彩色画报、画册、宣传画、彩印商标及一些高级书籍封面、插图等。有单面和双面之分，还有超级压光与普通压光两个等级。胶版纸伸缩性小，对油墨的吸收均匀，平滑度好，质地紧密不透明，白度好，抗水性能强。

④ 铜版纸，又称涂料纸，这种纸是在原纸上涂布一层白色浆料，经过压光而制成的。纸张表面光滑，白度较高，纸质纤维分布均匀，厚薄一致，伸缩性小，有较好的弹性、较强的抗张性能和抗张性能。

在建筑钢笔绘画中，我们经常用到的就是规格为A3、A4的印刷纸，这种纸厚度适中，很适合绘制建筑效果图。

（4）美术纸

美术纸指的是用于专业美术创作的纸张，一般购买时包装上都会有明显的标识，例如素描纸、水彩纸等。这类纸张一般更适合表现专门的绘画技法，常应用于建筑手绘之中，例如全铅笔表现的素描建筑效果图可以在素描纸上完成，因为素描纸更适合表现铅笔绘画的效果。水彩纸是专门用来画水彩画的纸张，它的特性是吸水性比一般的纸高，磅数较大，纸面的纤维也较强壮，不易因重复涂抹而破裂、起毛球。如果要表现全水彩的建筑手绘效果图，建议使用专门的水彩纸来绘制。

（5）色卡纸

色卡纸其实就是印刷纸中卡纸的一个分类，由于其具有多种多样的底色，所以可以变幻出更多风格的手绘形式。应用于建筑手绘时，色卡纸往往可以作为有底色的线稿来使用。

（6）硫酸纸

硫酸纸又称制版硫酸转印纸，主要用于印刷制版业，具有纸质纯净、强度高、透明好、不变形、耐晒、耐高温、抗老化等特点。在建筑手绘中，越来越多的人喜欢在硫酸纸上绘制马克笔建筑效果图，因为硫酸纸的透明度高，在硫酸纸上绘制效果图往往也具有很高的透光性，颜色会更加通透。但是相对于普通印刷纸，硫酸纸对油脂和水的渗透抵抗力强，透气性差，所以也会出现色彩还原不真实的情况。

其实，还有很多的纸品和底材可以运用到建筑钢笔画中来。在建筑手绘中，运用最多的还是普通印刷纸，但是使用不同的纸品和底材可以出现不同的绘制效果。

1.2 线条的画法

1.2.1 线条

线与点是艺术史上最古老、最原始的艺术形式，人类历史上流传下来的最初的绘画作品主要是以线的形式表现的。建筑绘图中所说的"线条"是塑造草图的基础（图1-16），而草图又是设计过程中不可或缺的步骤，它使我们的思维变得更加灵、生动，使创意层出不穷，是将我们的抽象思维转化成具象图形的主要手段，所以先练习好线条是开始绘画的根本。

图1-16

线条具有比形体更强的抽象性，同时有着较强的动感、质感和速度感。它由点的运动产生，其定向延伸是直线，变向延伸称曲线，直线和曲线是线条构成的两大系列。线条是绘画艺术中最基础也是最重要的一部分，它不仅是一种绘画技能，同时也是一种绘画语言，能反映出画家们当时的心情。线条在绘画中不但用来勾画外形，而且用来表达不同的质感和情感，如它有长短、粗细、方圆、曲直、轻重、浓淡、干湿、虚实、疏密、聚散、顺逆、缓疾、起伏、顿挫等无穷的变化。另外，线条的表现形式不同，给人的情绪的感觉也不同。水平线给人沉稳的感觉，垂直线让人感到昂奋，曲线给人轻柔委婉的感觉，斜线让人有进取搏击的感觉，圆线使人有永恒团圆的感觉。

线包括直线、弧线、曲线、斜线、螺旋线、平行线、垂直线、不规则线等。我们主要应掌握的基本线条有两种：直线和弧线。当然，通过以上这两种线的结合，还可以衍生出斜线、垂直线、波浪线等，也可以通过不同线条的排列组成各式图案与色块。

线条集造型、传情、达意等多功能于一身，自由驰骋，充分展示出无穷的魅力。

在绘画过程中，直线是最基础的线型，运笔要肯定而有力。

（1）直线的练习要点

在绘画时，为了保持手腕的稳定，可以靠在绘图纸上，然后用手和前臂缓慢均匀地用力，然后匀速地在绘图纸上移动。

一开始，我们练习画单独的直线，画之前要先确定线从哪儿开始，到哪儿结束。至关重要的是，应该一口气平心静气地画到底，不要断开。

如果在画的过程中不得不中断一下，也不要用新线条破坏或压住老线条。如果企图画两根重叠线，是不会得到满意的结果的，特别是出现不同的线宽，也会显得很难看。可以稍微隔开一个微小的距离，从老线的末端开始画新线。

（2）直线的排线方法

1）朝不同方向排线

在排线时，经常将斜线、直线、竖线放在一起进行练习，是一种训练手腕控制力的好方法（图1-17）。

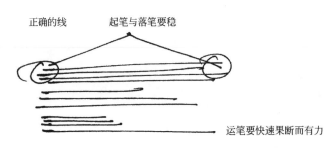

图1-17

2）不同形式线条组合排线

　　练习时，可先进行简单的方向排线训练，再利用多种线条交叉配合练习，注意控制线与线的疏密程度，有效地增加图案难度（图1-18）。

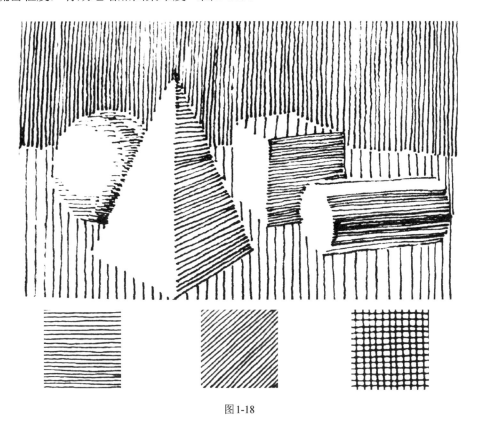

图1-18

3）表现渐变的排线

　　对于渐变排线的练习，是在熟练了之前练习的情况下，在后期进行的明暗表现的基础训练（图1-19）。

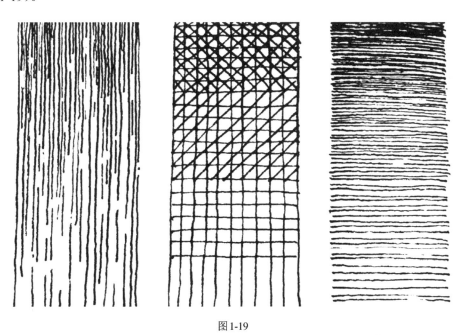

图1-19

1.2.2 弧线

圆上任意两点间的部分叫做弧，通过线表示出来就是弧线。一个物体想要在三维空间内显得生动和漂亮是离不开优美的弧线的，所以绘制弧线的能力尤其重要。

（1）弧线的练习要点

首先，进行小弧度的弧线练习，可以先放慢速度，把握住距离和弧度的相等，练熟了再加快速度（图1-20）。

然后，进行不同弧度的弧线练习，从近于直线的弧线画到近于圆的弧线，大家可以随意地勾一些弧线，也可以参照一些有复杂曲面的产品勾画其中的弧线。在练习弧线的时候多进行大小不等的训练，对以后画圆的透视会有很大的帮助（图1-21）。

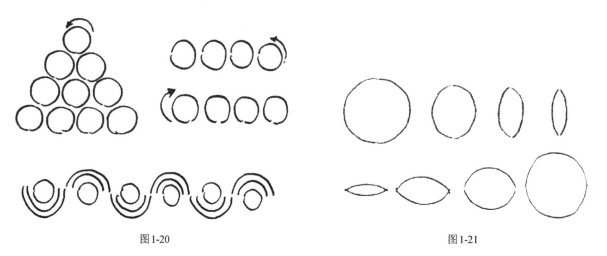

图1-20   图1-21

（2）弧线的排线方法

1）弧线的排线练习

对每种形式的弧线都要进行重复不断的排线练习，可以从小弧形开始，慢慢加大弧度进行训练（图1-22）。

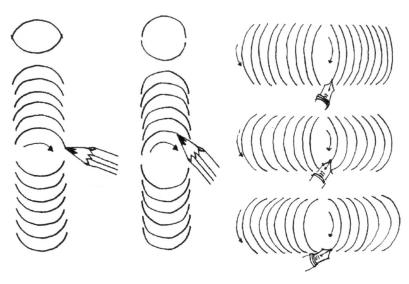

图1-22

2）不同形式的排线

在练习弧线排线的同时，也要进行变化性的训练，排出不同形式的弧线，使练习富有生动性，以减少训练的疲劳感（图1-23）。

图1-23

1.2.3 特殊线型

特殊线型也是基础练习中非常重要的一部分，它主要是针对绘图后期表现中涉及的一些常用线条的笔法训练，同样需要在初级阶段掌握。

（1）齿轮线

齿轮线主要用于标准树冠外轮廓的表现，它的笔法难点在于表现不规则的自然效果（图1-24）。

图1-24

（2）爆炸线

爆炸线也是快速表现中常用的线型之一，同样侧重于不规则的动态效果，常用于灌木丛的表现，主要依靠手腕的运动快速画线（图1-25）。

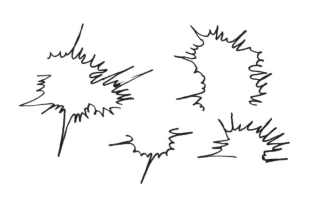

图1-25

（3）骨牌线

骨牌线形似倾倒的多米诺骨牌，多用于草地和有厚度材质的表现，在传统的绘图表现中往往画得比较均匀，在快速表现中则需要有参差不齐的动态效果，运笔要快，练习时切记不要连笔（图1-26）。

（4）枝杈线

枝杈线用来表现树木枝杈的线型，由连续的弧线构成。平时要注意多观察枝杈的动感特征，手绘时要灵活运用笔压和速度，这样画出来的线条更生动，更有韧性（图1-27）。

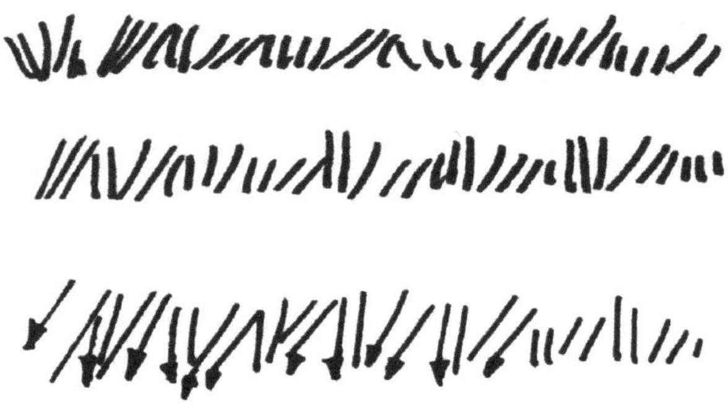

图1-26

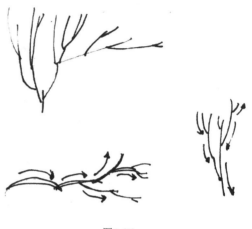

图1-27

1.2.4 手绘线条的几种技巧

（1）出头

出头线使形体看上去更加方正、鲜明而完整，能使绘图显得更加轻松、灵动（图1-28）。

（2）变化

变化线是一条粗细、深浅都有变化的线，使画面显得更有真实感和立体感（图1-29）。

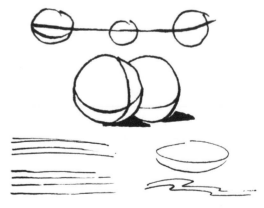

图1-28

图1-29

（3）顿、走、顿

有明确的起点和端点的线条给人的感觉更加流畅，可以使画面更加生动，使人产生一种线条极致流畅的感觉（图1-30）。

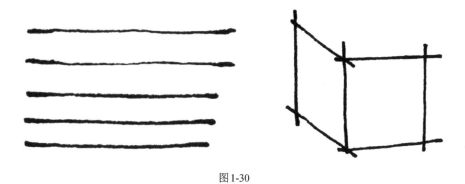

图1-30

（4）重复

通过重复连续画线，使物体产生立体的效果，看似随意的线正体现了绘画者的创造力（图1-31）。

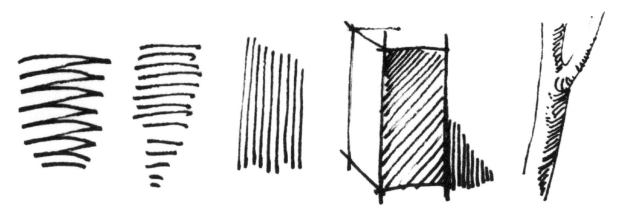

图1-31

练习线条时，握笔的姿势和用笔的力道很重要。不要把手紧紧贴在笔尖附近，这样做只会难以控制力道，应适当加大手与笔尖距离。有人喜欢故意甩胳膊来画抖线，实际上建筑抖线需要靠腕部的力量来实现小抖线。总之，力的收放自如只有达到一定量的练习积累，才能达到质的飞跃。

1.2.5 色块及纹理的表现

（1）色块的表现

色块排线是绘图的基本功之一，在建筑钢笔画中主要用于明暗表现，能够体现高层次的黑白表现形式，其在手法上也有特定的形式。以"组块"为例，画时用若干条线组成一个块，进行"编织"效果的搭配与拼接，包括通过竖直线构成的块面（图1-32）、通过横直线构成的块面（图1-33）、通过点构成的块面（图1-34）、通过交叉线构成的块面排线的表现形式（图1-35）。

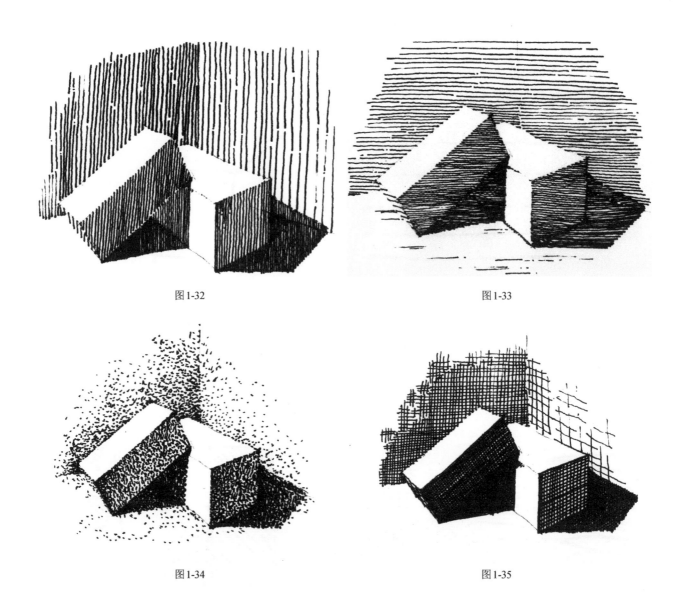

图1-32

图1-33

图1-34

图1-35

1）不同线条组成的色块

在排色块的练习中，用笔有"快"和"硬"的特征，起笔与收笔同样要明确清晰。同时，每个色块要尽可能地保持均等的序列感（图1-36）。

图1-36

2）色块渐变表现

用线条进行一定的叠加可以体现黑、白、灰的渐变效果。进行叠加的时候要注意线条间的交错关系（图1-37）。

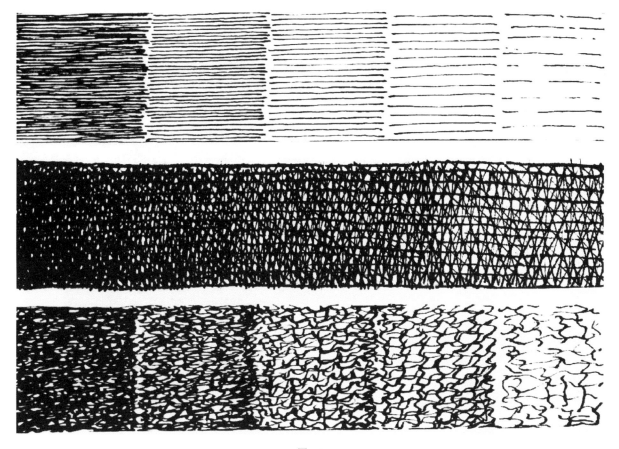

图1-37

（2）纹理的表现

　　纹理在基本绘图中也占有一定的比例，主要是用于材质的表现，在建筑钢笔画手绘中也是较为高级的手绘表现，能够体现出物体的材质与形式，在手法上也有特定的形式。以若干线条组成一个块为例，在"组块"基础上，还要进行"编织"效果的搭配与拼接，这也是排线练习的特殊表现形式。在练习纹理表现时，可以通过借鉴现实事物进行模仿，像木材纹理、石材纹理等。下面是不同线条组成的纹理（图1-38）和各种变化的纹理（图1-39）。

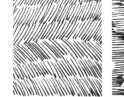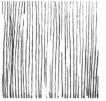

图1-38

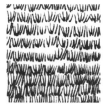

图1-39

1.3 明暗、阴影的画法

无论是自然光还是人造光，只要照射在物体上，物体本身就会吸收部分光色，也会反射一部分光色，由于每个物体的材质不同，透光的能力和吸收光的程度也就不同，因此就产生了各种不同的明暗效果（图1-40）。通过光的变化我们才可以感知物体光影明暗的关系。

图1-40

1.3.1 明暗的产生

物体受到光源的影响，会呈现出一些规律：

① 光源本身的强弱决定着明暗的关系。光源越强，受光面也就越亮，反之则越暗。

② 受光物体与光源的距离远近。物体离光源越近，受光面越亮，反之则越暗。

③ 物体与光源照射角度。光源与物体照射角度成直角时，物体的受光面最亮，角度越小则越暗。

④ 物体的固有色。物体的固有色越淡，则显示的亮度越亮；固有色越深，则显示的亮度越暗。

1.3.2 明暗的三大面

以简单的立方体为例，一个立方体共有六个面，我们能看见其中的三个面，分别是正面、侧面和顶面。在这三个面中，光线直接照射的面，我们称为直接受光面，也就是"亮面"，背光的一面称为"暗面"，而介乎于两者之间的面我们则称为"灰面"。亮、灰、暗三个面是我们表达光影与明暗造型中最基本的三大面（图1-41），当然这三个面也可以分别再次细分为亮调、灰调、明暗交界线、暗调及反光调，以方便我们更准确地表达物体的明暗（图1-42）。

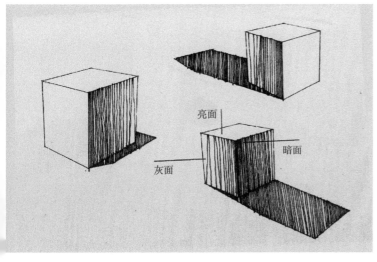

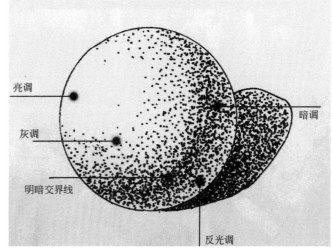

图1-41 图1-42

1.3.3　明暗的五大调子

（1）亮调

物体主要受光的部分，也是整体色调最浅的部分，其中与光源照射角度最接近90度的部位我们常称为高光，高光的表现很重要，往往是画面的点睛之笔。在建筑钢笔画手绘效果图中，常常用修正液和高光笔来提亮面的高光位置。

（2）灰调

物体的第二受光部分，是由亮过渡到明暗交界线的部分。

（3）明暗交界线

这是物体亮调向暗调过渡最为明显的一个部位，往往是物体最暗的部分，当然根据物体的不同，明暗交界线的变化也是不同的。画好明暗交界线是表现出一个物体立体感最关键的部分。明暗交界线其实是一个面，其中的虚实变化还是很大的，一定要注意过渡的层次，不要盲目地加重明暗交界线使物体的亮调与暗调毫无过渡。

（4）暗调

物体主要的背光面，通常其暗度仅次于明暗交界线位置的暗度。

（5）反光调

物体的暗部是接受环境光源反射最多的部位，反光的强度是由物体本身接受光源的能力强弱和环境光源的强弱决定的。如果物体为不锈钢、瓷器等质地光滑的材质，则反光强；如果物体是木材等磨砂材质，则反光弱。反光调是常常被忽略掉的一个环节，在绘画的时候一定要观察物体的材质和环境光的强弱，恰到好处地加入反光调可以使物体更具有表现力。

1.3.4　光影训练

用钢笔工具准确表现基本几何形体的明暗关系，体会光影在物体上的变化规律。

（1）基本物体光影训练（图1-43）

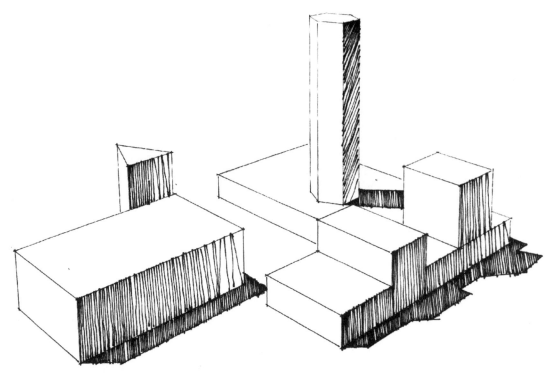

图1-43

（2）组合物体光影训练（见图1-44）

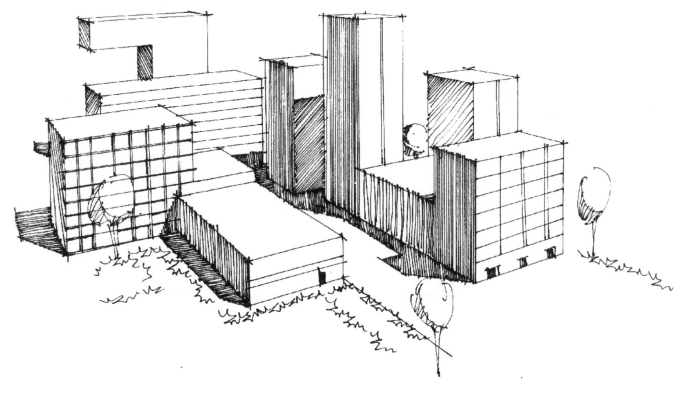

图1-44

图1-45

（3）光影在建筑钢笔画中的运用

在建筑绘画中，从线稿开始就应该清晰地表达出建筑的光影变化，通过运用线条的粗细程度以及密度来表现画面中处于暗部的阴影，从而使画面的立体感更加强烈（图1-45、图1-46）。

图1-46

1.3.5 表现方法

　　建筑钢笔画表现是建筑师们在建筑设计过程中最常使用的一种表现方式。因为建筑设计是一个包含逻辑思维和形象思维的过程，在这一过程中必须要有对形象的认识、理解、记忆和创作，在这一系列过程中，建筑徒手表现的手段就会发挥出极为重要的作用。

（1）建筑钢笔画徒手与工具表现

　　钢笔表现按绘图的工具分，可分为徒手表现和工具表现两种。在这里，徒手表现指基本不借助于尺、规等工具，直接在画面完成；而工具表现指大量借助于尺、规等工具，在画面上完成。这两种表现各有不同的特点，可根据不同的要求进行选择。

　　通常来说，建筑设计前期的调查研究、资料收集以及建筑方案的设计推敲、草图勾画和建筑速写等阶段，都采用钢笔徒手表现（图1-47），而在建筑方案设计成图阶段和展示阶段，多以工具线条表现（图1-48）。

图1-47

图1-48

钢笔表现从风格上讲，线条流畅、粗犷，下笔自然而不停滞，笔触极富神韵。从作画要求上讲，它必须高度地概括、提炼，做到意在笔先，只有胸有成竹，才能下笔果断、流畅。

（2）钢笔线条的单线与排线表现

钢笔表现从线条的技法上来讲，又可分为单线线描表现法和排线表现法，这两种线条表现有着不同的表现效果。

1）单线线描表现法

钢笔单线线描是一种高度简洁而又明快的表现手法，它依靠曲直、粗细、刚柔、轻重而富有韵律变化的线条，达到对复杂形状与特征的概括，所表现的建筑形象，只凭起伏而有韵律的墨线来完成。所以这一表现手法正是大多数建筑师和初学者普遍使用和接受的。在钢笔作画的领域中，以钢笔线描作画最为便捷和常见，也最具专业功能。单线线描建筑画也是各类建筑画的基础，要掌握好线描建筑画的技能，既要注意到基础训练，同时还需要注意比例与透视、景物的取舍等问题。景物的取舍就是排除光影、明暗的干扰，准确地抓住对象的基本组织结构，仔细观察，高度概括。同时，还必须做到抓住焦点，略去细节，切忌无取舍地简单反映。

与此同时，也不能忽视画面的构图，景物的疏密、虚实与繁简的对比问题。线描表现缺乏明暗，所以必须尊重线描别具一格的法则，通过线条的疏密组织，繁简、虚实处理和异类线条的运用等技法，从而获得良好的画面效果（图1-49）。

图1-49

2）排线表现法

排线表现是靠钢笔线条通过不同的排列组合，构成明暗色调的方法表现景物。它既有素描层次丰富的表现力，又具版画黑白强烈对比的特点。

排线组合表现除了必须掌握一些构图、比例、透视、取舍等的要求以外，还需要强调线条排列的走向、长短以及曲直、韵味。钢笔排线除了纯白或纯黑外，凡中间色调的不同灰色全靠这些线条排列。不同的线条、不同的排列均会产生出不同的艺术效果（图1-50）。

图1-50

1.4 线型组合训练

物体的形状多种多样，它们都由各自的高度、宽度和深度所组成，即存在三度空间，这是物体的基本特征。这些千奇百态的形状，经过归纳可以理解为由两种基本几何形体，即方和圆组成，即使是一些特殊的如方锥体、圆锥体、多面柱体，也是由方和圆相加或者相减得到的。

1.4.1 方体

方体是由6个面组成的多面体，又称6面体，有12条边和8个顶点。方体在日常生活中最为常见，大到高楼大厦，小到方砖、书本，形形色色地在我们身边存在着。方体的类别有长方体和正方体。方体手绘练习要注意透视的准确，可以随着同一个透视点进行多种形态的方体绘制训练，这样不仅有对线的练习，还有对形体和透视的练习，也可以为接下来的钢笔建筑表现打下基础（图1-51）。同时，方体手绘练习还可以利用排线和点画法来表现（图1-52）。

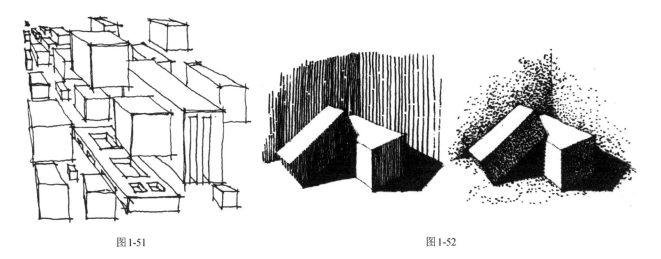

图1-51   图1-52

1.4.2 锥体

锥体有着共同的顶点与共同的底面，其垂直截面都是三角形。锥体分为棱锥和圆锥两大类。练习锥体表现的时候，可以适当地在形体上面加些变化，能让练习变得更有趣味（图1-53）。

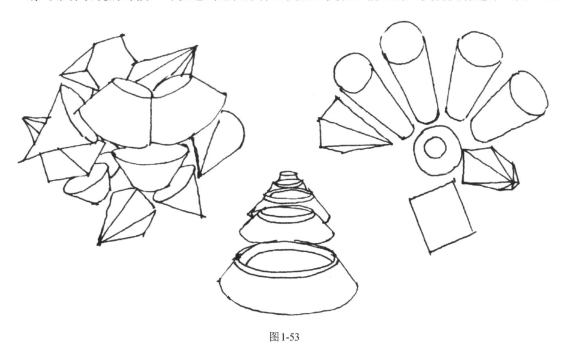

图1-53

1.4.3 圆柱体

以一个圆做底面，向上或者向下移动一定距离，所经过的空间就叫做圆柱体。圆柱体手绘练习的关键是，要画出上下两个面的圆弧透视。练习的时候，要注重多样化，立着的圆柱体和横着的圆柱体都要练习（图1-54）。

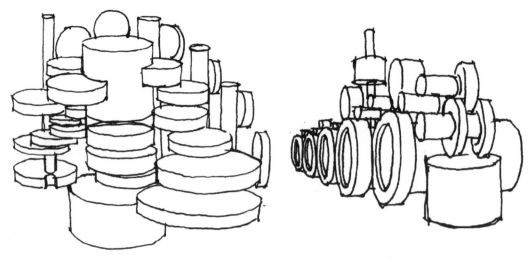

图1-54

1.4.4 多种几何体的组合练习

　　生活中的建筑都是由各式各样的几何体组合而成的。以方体为基本结构，与方体、锥体、圆球组合，可以形成各具特色的建筑形式。形体组合的练习首先要将几何形体的中轴线和两边的范围确定好，画出建筑的主要构造，然后继续深化建筑的外部构造，并稍微添加配景（图1-55）。

图1-55

1.5 画线时遇到的常见问题

画线时，笔和纸之间的压力过于轻，画线速度不均，不能很好地掌握距离感，过于随意，等等，都会造成错误的排线（图1-56）。

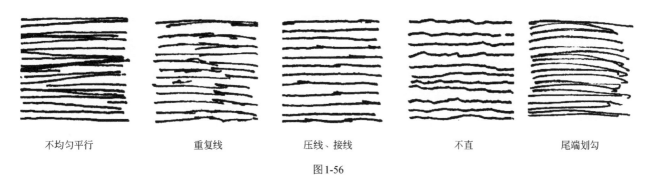

不均匀平行　　　　　　重复线　　　　　　压线、接线　　　　　　不直　　　　　　尾端划勾

图1-56

02
Chapter

第
2
章

建筑钢笔画的透视规律与表达

2.1 建筑表现的透视概念与表达技巧

透视，无论是在绘画还是景观建筑设计中都是非常重要的一部分，因为它存在于三维之中，与我们的生活是密不可分的。在建筑钢笔画手绘中，只要掌握一点透视、两点透视和三点透视这三种透视就足够了，且不需要按尺寸来求证出每一个透视图，只要把握住原理，将大体意识表达出来就可以了。

"透视"一词源于拉丁文Perspicere，意思即"透而视之"。我们在日常生活中，常常会看到这样的景象，一排排由近及远的树木或建筑，近大远小，近粗远细，近疏远密，近实远虚，处在无限远时，景象便汇集成为一个点，这就是所谓的"透视现象"。正是由于人眼的视觉作用，周围世界的景物都以透视的关系映入人们的眼中，才使人能感觉到空间、距离与物体的丰富形态（图2-1）。

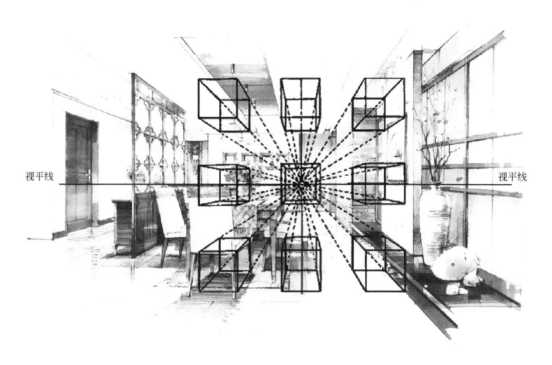

视平线　　　　　　　　　　　　　　　　　　　　　　　　　　　　　　　　视平线

图2-1

从图2-2中我们可以认识到透视的基本原理，它主要包括：

视点——观察者眼睛所处的固定位置，一张透视图只能有一个视点。

灭点——与画面成角度的平行线所消失的点。

视高——视点的高度。

画面——在观察者和物体之间的假设透明平面，物体的变化规律在假想的透明平面的反映就是我们要画的透视画面，也就是绘图的纸面。

心点——垂直于画面的视线交点。

物体——存在于空间的实际物。本图是以一个立方体为例。

视平线——与画者眼睛平行的水平线。

基线——地面和画面的交线。

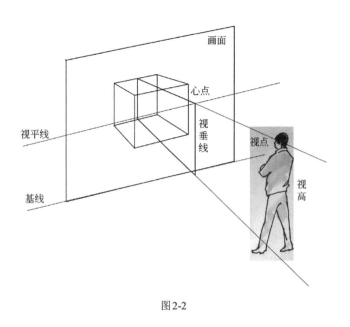

图2-2

2.2　一点透视规律与表达技巧

　　一点透视就是整个画面中只有一个灭点，除了平行线以外，其余的线都交集于灭点。正是因为其平行线的特点，所以一点透视又称作平行透视。一点透视在手绘效果表现中运用比较广泛，主要是因为其视域较宽，纵深感强，并且可以表现出更多的建筑立面设计（图2-3）。不过，因为除了与灭点相交的线以外，其余所有线都是出于平行关系，所以使得整个图面效果看起来过于呆板，形式感不强，视觉冲击力较弱。

图2-3

如图2-4所示，当正方体的六个面中的某一面与假想画面（平面）平行时形成的透视关系就称之为一点透视。可以说，我们看到的正方体发生了近大远小的改变，而与假想画面（平面）垂直的各条线纵深向灭点消失，形成一点透视变形。

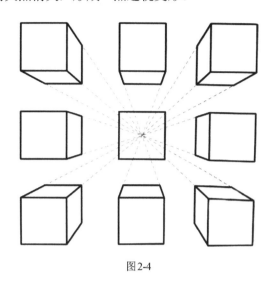

图2-4

2.3 两点透视的规律与表达技巧

两点透视在视平线上有两个灭点，最终在画面上我们可以看到建筑的一角，所以又称为成角透视。在手绘表现中，两点透视是最常用到的一种透视，这种透视表现建筑的气质十分到位，构图冲击力强（图2-5）。

图2-5

两点透视其实就是我们观察物体的角度发生了变化，不是站在物体的正面观察，而是与物体形成一定角度，这样我们就可以看到除了顶面或者底面以外的两个面。由于画面形成两个消失中心，所以相对于一点透视的空间表现特征，增加了一种画面生动、自然、富有变化的感觉（图2-6）。

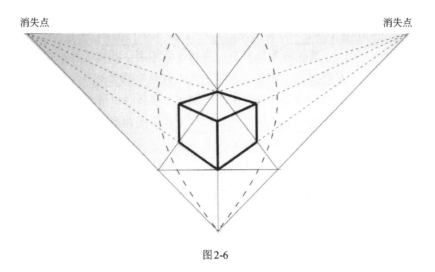

图2-6

两个灭点之间的距离决定着我们眼睛观察物体的透视角度的大小。两个灭点距离越远，物体的透视角度越缓和，水平线条变形就越小，物体给人的视觉感受也会越平稳；两个灭点距离越近，物体的透视效果就越强烈，水平线条变形就越大，物体的视觉冲击力也会越大。

2.4　三点透视的规律与表达技巧

当立方体的三组平行线均与画面倾斜成一定角度时，这三组平行线各有一个灭点，即为三点透视或倾斜透视。三点透视通常呈俯视或仰视状态（图2-7），在建筑钢笔画艺术表现中常用于加强透视纵深感，表现建筑的高耸（图2-8）。

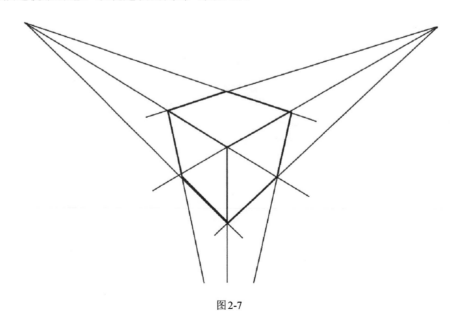

图2-7

图2-8

　　建筑钢笔画徒手表达的透视过程体现了自然空间、视觉空间、画面空间、情感空间等不同
层面空间的演绎过程（图2-9～图2-11）。

图2-9

图 2-10

图 2-11

建筑钢笔画
Pen-and-ink Drawing of Architecture

03

Chapter

第
3
章

建筑钢笔画配景的表现技法

3.1 配景的作用

　　在建筑钢笔画中，除重点表现的建筑物是画面的主体之外，还有大量的配景要素。建筑物是画的主体，但它不是孤立的存在，要安置在协调的配景之中，才能使一幅建筑画渐臻完善。所谓配景要素就是指突出衬托建筑物效果的环境部分。

　　协调的配景要根据建筑设计所要求的地理环境和特定的环境而定。常见的配景有树木丛林、人物车辆、道路地面、花圃草坪、天空水面等。根据设计的整体布局或地域条件，也常设置些广告、路灯、雕塑等，这些都是为了在画面中塑造一个真实的环境，增强画面的气氛。

　　配景在建筑表现画中起着多方面的作用：

配景可以显示建筑物的尺寸，要想判断建筑物的体量和大小，需要有一个比较的标准，而人就是最好的标准，因为大多数成人的身高在1.6～1.8米之间，有了人的身高尺度作为参照，也就较准确地显示了建筑物的体量和大小。配景可以调整建筑物的平衡，可以起到引导视线的作用，能把观察者的视线引向画面的重点部位（图3-1）。配景又有利于表现建筑物的性格和时代特点。

利用配景又可以表现出建筑物的环境气氛，从而加强建筑物的真实感。利用配景还有助于表现出空间效果，利用配景本身的透视变化及配景的虚实、冷暖，可以加强画面的层次和纵深感！

图3-1

3.2 植物配景的画法

植物是建筑绘画配景中重要的组成部分，是表现大自然环境的主要内容，它伴随在我们日常生活身边，是美和生命力的象征，人们对它有特殊的偏爱。植物作为透视图的配景，充实了建筑表现画的内容。如果缺少了自然环境，那么整个画面就会变得死气沉沉、毫无生机。

不同植物的运用可以表现出建筑特定的环境；不同风格的植物可以与建筑图相协调而使画面更加完美。在表现树木的时候，要准确真实地表现出树种的特征和体积（图3-2），力求给人一种真实的感觉，并通过自己的理解将大自然的树形进行概括、简化、夸张和变化处理，使之与建筑协调，以突出建筑艺术的效果。

建筑钢笔画中的植物配景能很好地体出空间层次感，也能体现建筑所处的地域性。我国幅员辽阔，南北方的自然环境差异大，植物种类繁多。北方的植物多以阔叶落叶树木为主（图3-3），秋冬叶落枝枯，再往北是寒带针叶林；南方属于亚热带气候，植物多以常绿为主，再往南特别是沿海地带多椰树，更能体现地域性（图3-4）。

图3-2

图 3-3

图 3-4

3.2.1 普通乔木

　　在建筑钢笔画中，树木不一定要非常具象地来表现，而是要在建筑表现中起到主观衬景的作用。由于地势和气候的差异，树木的种类纷繁复杂，形体千变万化，所以在建筑效果图中可以通过树木体现建筑物的地域性。树分乔木和灌木两大类，乔木又分为阔叶乔木和针叶乔木。

　　阔叶乔木分落叶乔木与常绿乔木两类，其树种繁多。这类树的特点是树姿雄伟，枝繁叶茂。针叶乔木包含松树、柏树和杉树，这类树的特点是高大笔直或独特崎岖。

　　在绘制阔叶乔木线稿的时候，要注意侧重表现树冠、树杈、分支和主干，还有树下的草坪。注意明暗和线条的流畅，并简单地表现出明暗（图3-5）。

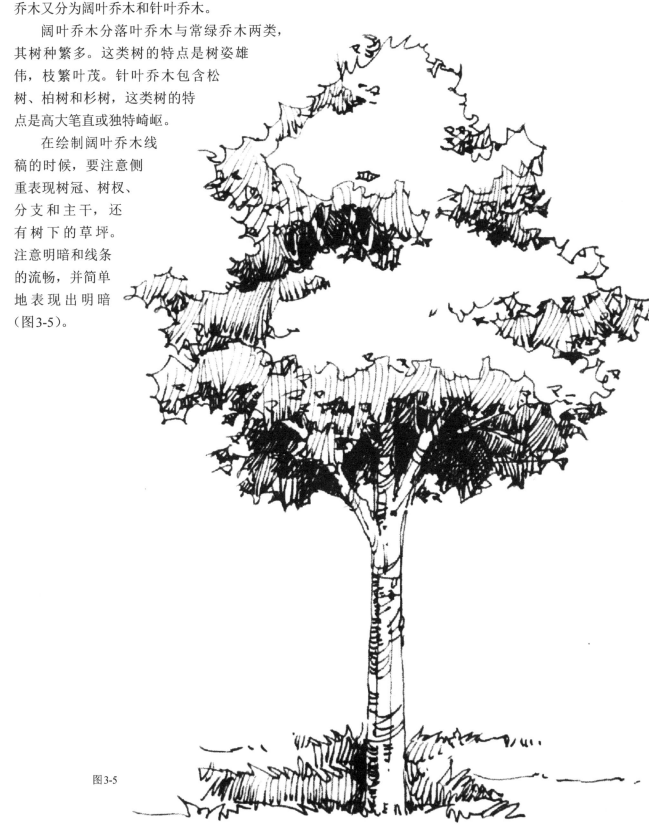

图3-5

（1）枝干的结构

　　树的整体形状取决于树的枝干，所以要深入理解枝干的结构，才能画得正确。树的枝干大致呈辐射状态，即枝干主干顶部呈放射状出杈。出杈的方向有向上、平伸、下挂和倒垂几种，枝干与主干由下往上逐渐分杈，越向上出杈越多，细枝越密（图3-6）。

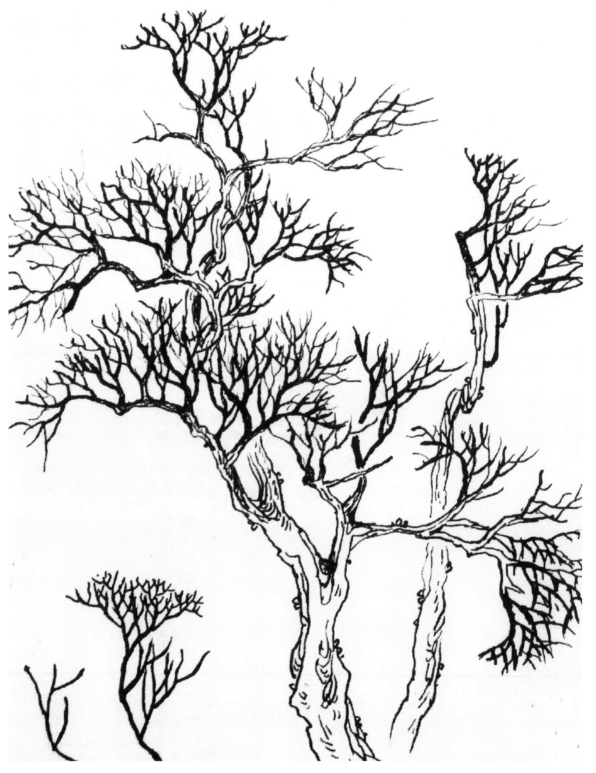

图3-6

（2）枝干的绘制方法

树的枝干的绘制方法可以分为四步（图3-7），分别是：

① 确定绘制树木枝干的大方向，绘制出次干。

② 明确表现出树的形态，深入绘制主枝干、次枝干，并绘制枝干上的分支。

③ 继续深化分支。

④ 明确结构，完善阴影。

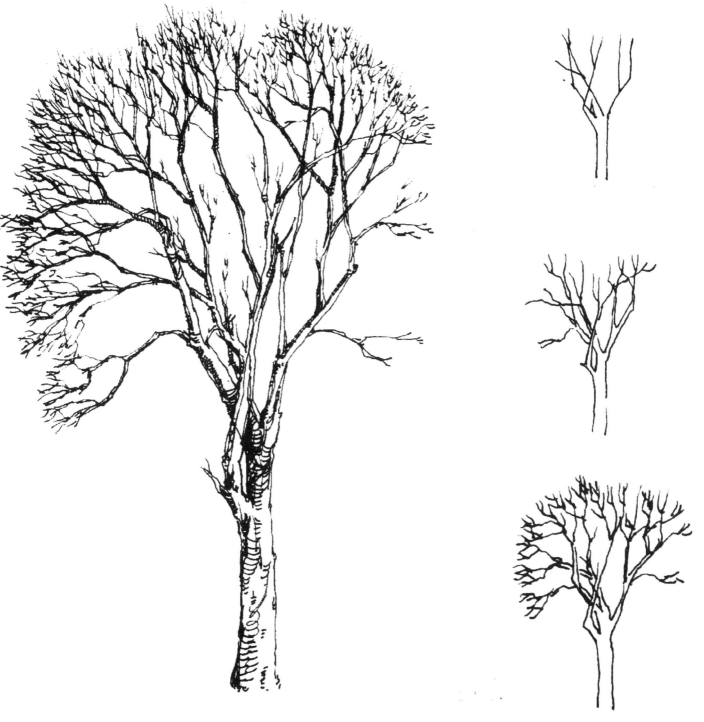

图3-7

（3）树木立面表现

　　树的立面画法有很多，在绘制的时候应先了解所画树的特征，以归纳概括的手法体现树木特征（图3-8、图3-9）。

图3-8

图3-9

（4）树冠造型

　　每种树都有自己独特的树冠造型，绘制的时候必须抓住主要形体，不要因为自然形态的复杂造型弄得无从下手。依照树冠的几何形体特征，树冠可归纳为伞形、球形、扁球形、半圆球形、圆锥形、圆柱形和其他组合形等（图3-10）。

图3-10

3.2.2　棕榈乔木

　　该科植物一般都是单干直立，不分枝，叶大，集中在树干顶部，多为掌状分裂或羽状复叶的大叶，在我国主要分布在南方各省。其中，从美洲引进的王棕和澳大利亚引进的假槟榔常见于南方的行道和庭院（图3-11）。

图3-11

棕榈科植物的表现的要点：根据生长形态把基本的骨架勾画出来，根据骨架的生长规律画出植物叶片的详细形态；在完成基本的骨架之后，开始进行一些植物形态与细节的刻画；注意树冠与树枝之间的比例关系（图3-12、图3-13）。

图3-12

图3-13

3.2.3　灌木

　　灌木多指那些没有明显的主干，靠近地面呈现丛生状态的树木（图3-14），它们的主要作用是填充和点缀画面，用它们来适当遮挡主体局部，可以为画面增添自然效果。低矮灌木丛的轮廓线自然富有韵律，整体形态要有团状的效果与体积感。绘制灌木的线稿图，在表现明暗关系的同时，要注意细碎的枝叶和草坪等细节的表现（图3-15、图3-16）。

图3-14

图3-15

图3-16

3.2.4 绿地

　　表现草坪，可以采用流动的钢笔线条勾勒出远近疏密和过渡变化，近处还要特意带有一些丛草效果，画的时候最好有Z字形和S形相配合。表现草丛，要注意疏密结合与远近的透视。对草丛的周围排列骨牌线，这种表现也从近处草丛向远处草丛延续。点缀小点，以表现草坪的覆盖，要注意小点的疏密，一般中间稀疏两边密集，亮部稀疏暗部密集。对于两线间的空白部位，可点缀些小的草叶，以丰富画面（图3-17）。

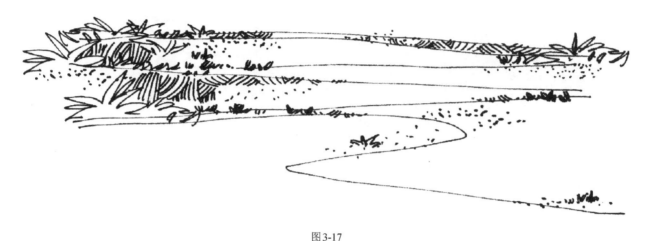

图3-17

3.2.5 植物配景的空间层次

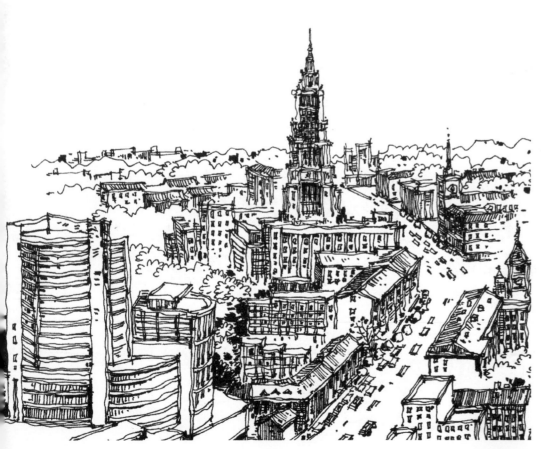

　　树丛是立体空间主要的植物配景，应该表现得有体积与层次。建筑手绘要很好地表现出画面的空间感，有时需要画出远景、中景、近景三个空间层次的树。

　　远景树：往往位于建筑的背后，起着衬托主体物与增强空间的作用。树的深浅以能衬托建筑为准，建筑物深，背景就以浅为宜；建筑物浅，则用深背景。远景树只需要画出轮廓（图3-18）。

图3-18

中景树：以不影响建筑的完整性为前提，往往和建筑物处于同一层面上，也可以位于建筑物前面。画中景树要抓住树形轮廓，概括枝叶，表现出不同树种的特点（图3-19）。

图3-19

近景树：描绘要具体细致，如树干的树皮纹路。树叶能表现出树种特色，除用自由线条表现明暗外，也可用点、圈、组线及各种几何图形等高度抽象简化的方法去描绘，对画面起到框景的作用（图3-20）。

图3-20

3.2.6　植物平面配景

在建筑景观方案平面图中，植物的表现不仅能正确表达设计者的意图，而且可以起到装饰画面的作用。

（1）树木的平面表现

在绘制平面图时，通常用圆形的顶视外形来表现其覆盖范围，以树干为圆心，树冠平均半径为半径，作出圆或近似圆后再加以表现，也可以有缺口或尖突，用线条的组合来表示枝干或者树叶（图3-21）。

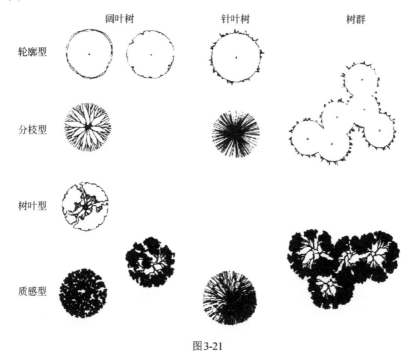

图3-21

在绘制灌木植物平面图时，要注意灌木由于没有明显的主干，而且丛生较多，可以通过基本的几何形式来表现（图3-22）。

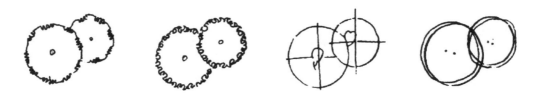

图3-22

清楚地绘制植物的类别、形态和大小，不要偏差太多，尤其注意乔木和灌木的区别。在绘图中，大家只需要熟练几种比较常用的树种平面即可，不需面面俱到，除非要求明确区分植物的特点。

画多组植物平面图时，要注意体型、大小不一样的植物绕线的方式也有区别。尽可能地抓住植物的生长形态，刻画上要详细逼真。因为各种植物的姿态不同，并且同种植物在不同的生长阶段其形态也不相同，所以不要使所画植物的形态出现太接近、太平均的状况。疏密变化得当，才能更加自然（图3-23～图3-25）。

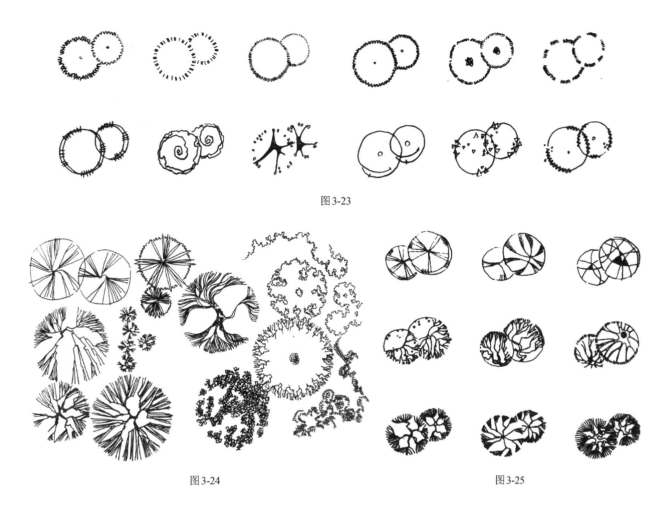

图3-23

图3-24   图3-25

（2）平面与立面的转变

在建筑及景观设计图中，经常会要求平面图、立面图或者透视图都要表现出来。注意植物配景之间在平面、立面上的尺度、形态的一一对应关系，完成平面与立面的相互转换（图3-26）。

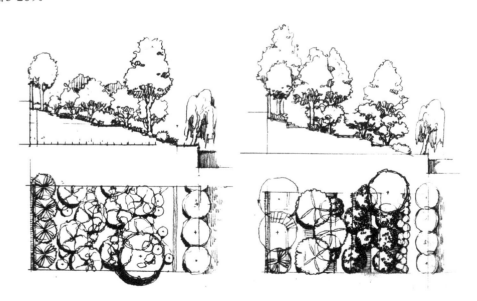

图3-26

3.3 人物配景

人是建筑表现图中不可缺少的部分，在配景里是尤为重要的角色。如果建筑表现图中只有单纯的建筑和植物。画面就会显得没有活的气氛，只有配上各种姿态的人，才会使建筑表现的画面生动感人。

3.3.1 人物配景的布局要点

绘制人物配景要抓住以下要点进行布局：

① 注意用建筑物内外画人物配景，客观地显示建筑物的尺度大小；

② 通过合理安排人物配景，增加画面的环境气氛和生活气息；

③ 通过人物配景远近大小对比，增加空间感，注意人物的动向应该有向心的"聚"的效果，不宜过分分散、动向混乱。

3.3.2 人物配景的绘画要点

对于人物配景的画法有两种：一种是写实画法，即按照人的真实比例、衣着、动态进行描写；还有一种是抽象画法，需要根据画面的风格，将人物概括、提炼、抽象和夸张来创作出各种各样的画法。

首先来了解一下人体结构，人体的比例以头的高度为基数，身长往往是头高的7～8倍，腰以上是头的3倍，腰以下为4～5倍。现实中人的骨骼比例都会有一定的差异。画人时要注意掌握正确的比例和大的动态，不需要细致地画出面部表情。

在建筑表现中，往往以概括性的方式画人头，比真实比例小些，这样可以显得身材修长，有设计感。另外，四肢的比例与身体的重心要平衡，也要遵循图中的透视规律，否则会使画面失真。

（1）男性人体比例

从绘画中人的正规比例上来讲，男性的身体为8个相等的头长，肩宽约为2个头长。从正面、侧面和背面3个方位描绘人体时，要注意比较肩部、臀部和腰部的宽度。一般而言，两乳头之间的距离是一个头宽；腕部垂于大腿根平面稍下；双肘约在脐部的水平线上；双膝正好在人体的1/4稍上一些；双肩居于由头向下1/6距离的位置，肩宽胯窄（图3-27）。

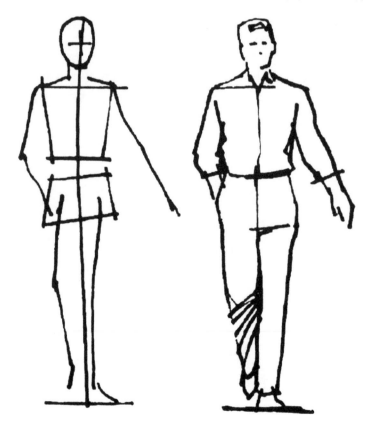

图3-27

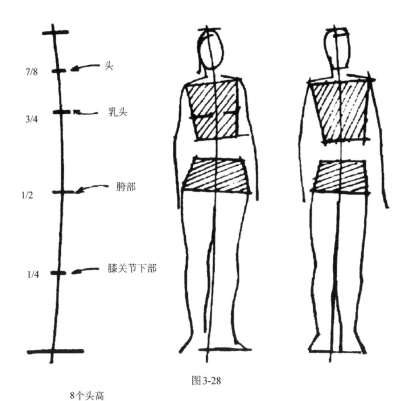

（2）女性人体比例

理想的女性人体比例，身高一般为7～7.5个头身，身体较窄，身体最宽的部位为2头宽。从正面、侧面和背面3个方位描绘人体时，要注意其乳头比男性稍低，肩窄胯宽（图3-28）。

7/8 ← 头
3/4 ← 乳头
1/2 ← 胯部
1/4 ← 膝关节下部

图3-28

（3）儿童人体比例

对于建筑钢笔画手绘中所画的儿童，一般默认为5～10岁这个阶段。假设身高按照成人的头长算的话，基本在4～6个头长的高度（图3-29）。

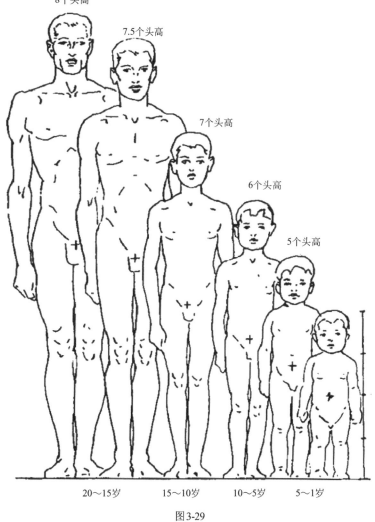

8个头高
7.5个头高
7个头高
6个头高
5个头高

20～15岁   15～10岁   10～5岁   5～1岁

图3-29

上面我们讲了人体的基本结构比例，下面我们来讲一下人物的透视变化。人物作为配景存在于画面中，也要遵循图中的透视规律。

建筑钢笔画中要保证配景人物的正常视点都保持在一条直线上，在不违背透视的原则下，近大远小。近处的人物刻画细致一些，随着透视逐渐变远，描绘的人物也最终变成简单的体型勾勒（图3-30）。

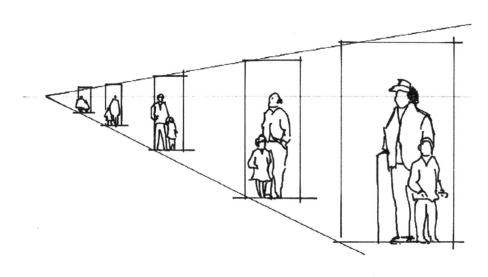

图3-30

正常视点的透视下，都以人的头顶作为一个基准面，人的头部都落在天际线上。只要符合近大远小的透视原则，落脚点的位置相互错开就可以达到透视的效果。在建筑钢笔画中，可以依次把配景人物做参照来绘制透视关系（图3-31）。

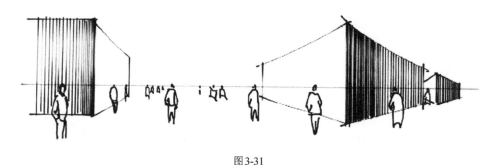

图3-31

3.3.3 人物画法练习

在人物表现中，有两种表现形式：写实与写意。写实表现按照人的真实比例、衣着、动态进行描写；写意表现则需要根据画面的风格，将人物或概括、提炼，或抽象、夸张来创作出各式各样的画法。

（1）远景人物表现

首先，我们需要练习一些简易的、远景的人物，他们的特点就是线条简单但神态各异。注意，即便是远景，也是有一定层次的，如最远、中远等（图3-32）。

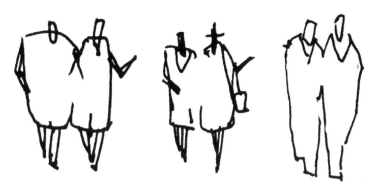

图 3-32

（2）中景人物表现

其次，再练习绘制中景的人物，人物描绘程度要高于远景的人物。中景人物服饰和姿态的描绘要比远景细致得多，我们可以看到他们背的包、衣服的细节和头发的细节等（图3-33）。

图 3-33

（3）近景人物表现

最后，还要强调一下近景的人物，近景人物的绘制偏于写实，绘制的时候要刻画其服饰、人物形态、配饰配件等。近景人物在建筑透视画中是离我们最近的，画得好会起到画龙点睛的作用，如果过于抢眼，会适得其反，变得画蛇添足（图3-34～图3-36）。

图 3-34

图3-35

图3-36

3.4 车辆配景

车辆是建筑手绘表现中的一种配景元素。静止的建筑物缀以运动着的车辆，会给画面增添动势和生气。同时，造型新颖、色彩华丽的大小客车、轿车能给画面制造一个色彩中心，也常与建筑物形成色彩上的呼应。

车辆在建筑钢笔画画面上居于点景位置，其阴影效果可增加车子的速度感，所以常用深色的阴影衬托车子。配景车辆手绘的重点在于角度的变化及行进感的表现，所以一定要注意比例和透视方向。完整地表达出车辆的形象，还要考虑考虑车辆比例与画面构图的关系。

画车一般是以车轮直径的比例来定车身整体的比例关系的。一般来说，小轿车是两个轮径的高，中巴是2～5个轮径的高，大巴是3～4个轮径的高；另外，还可以以人作为参考比例，人与车站在一起时，小轿车比人约矮两个头长，中型客车则与人齐高或高出一个头长，而大型客车则高出人一半。大家在作画的时候要客观去表现，比例只是相对的（图3-37）。

图3-37

车与建筑相对时，要处理好适当的高度与位置关系，尽量往画面边缘靠，不要抢了主体的视点（图3-38～图3-40）。

图3-38

图3-39

　建筑钢笔画
　Pen-and-ink Drawing of Architecture

图 3-40

3.5 构成画面的其他配景

3.5.1 水面、跌水与喷泉

        在建筑钢笔画表现设计中，配景水是一个重要的角色，尤其是近年来，在建筑景观设计中水体的作用更是逐步上升。水具给人以亲和、自然、浪漫的感觉，在城市环境设计中以水为主题的设计形式越来越广泛。在景观环境钢笔手绘表现中，水以特殊的表现方式起到过渡与连接的作用，有时也起划分空间的作用。

        水已经不只具有配景的意义，比如在场地设计、动态场所里如果设计一处静态的水景，空间就会升华到另一种境界；如果配合以动态的水景，那又会使整个空间内的气氛变得更加活跃。

（1）静态水景

　　静态水景给人或平静或深邃的感觉。住宅区内的水景面积通常不会太大，因此水面宜以聚集在一起为主，比如水池、小溪。水面的倒影颜色则因池底颜色的变化而变化，池底颜色越深，水面的反射能力越强，反之则越弱（图3-41）。

图3-41

（2）动态水景

　　动态的水一般表现为跌水、瀑布和喷泉等。

　　其中，跌水是运用高差使水流在重力作用下由高处往低处跌落而成的落水景观。高差较大的可以称之为瀑布，常见的处理手法是布置石头使水流与石头发生碰撞，产生晶莹剔透的水花。跌水不仅使水流有丰富的形态，如水幕、水帘，还可以制造出轻快的水流声（图3-42）。

图3-42

（3）喷泉的绘制

喷泉通常布置在景观的中心广场上。人们在静态水景的水池或小溪中布置一个或多个喷泉，喷泉的动与静态水景的静相结合会给人一种轻松奔放的感受。喷泉多配有灯光、音乐，随着节奏闪烁和跌落，大大增加了水景的趣味性（图3-43）。

图3-43

3.5.2　石头

　　我们在城市景观中看到的都是比较规范的、人工修凿的石头。在建筑钢笔画中，石头作为一种特殊的景观元素，经常会为建筑主题做陪衬，所以我们更多的是注重石头原本的不规则的、富于艺术感的特性，下面为大家介绍几种在景观设计中常见的石头。

（1）太湖石

　　太湖石，又名窟窿石、假山石，是一种石灰岩，有水、旱两种，其形状各异，姿态万千，通灵剔透。在中国古典园林中，太湖石最能体现"皱、漏、瘦、透"之美，其色泽以白石为多，少有青黑石和黄石，尤其黄色的更为稀少。在古代，经常把硫磺放置在太湖石中，每当细雨绵绵的时候，硫磺遇水就会产生化学反应形成很多雾气，在园中犹如在仙境一般，有很高的观赏价值。

　　在练习手绘太湖石的时候，用笔一定不要拘谨，要做到轻松自如，画出太湖石的外轮廓，然后开始在其中掏出大小不一的圆孔，要注意这些圆孔的空间变化和疏密结合，形体表现得越奇怪，太湖石的气质就越能被描绘得淋漓尽致（图3-44）。

图3-44

（2）千层石

千层石也称积层岩，由密集的层岩相叠加，石质坚硬致密，外表有很薄的风化层，比较软。石上纹理清晰，多呈凹凸平直状，线条流畅，时有波折起伏，节奏感强。石的颜色多灰与棕色，整体上呈棕色，色泽、纹理和谐、自然。千层石造型奇特，变化多端，有山形、台洞形等自然景观，也有宝塔形、立柱形及人物、动物等形象，既有具象又有抽象，神奇秀丽、淡雅端庄（图3-45）。

图3-45

千层石分很多种，这里无法将每一种都做详细描述，重要的是抓住这种石材共有的特点进行描绘。在描绘千层石的时候，线条多用快直的短线作为连接，同时注意这些直线最后组成的是变形的Z字，多个不同的Z字相叠加组全，就形成了千层石的样子（图3-46）。

图3-46

（3）泰山石

泰山石产于泰山山脉周边的溪流山谷，质地坚硬，基调沉稳，形态浑厚、饱满，以其美丽多变的纹理而著名。

表现泰山石，要做到笔触见圆不易方，使其形态看着浑厚、饱满、圆润（图3-47）。

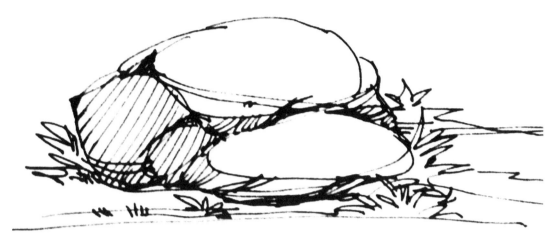

图3-47

3.5.3 铺装

无论是何种材料的地面，都没有复杂的形象，所以在描绘时可作简单平面处理，一般近处颜色较深，远处因反光等原因比较亮。地面往往因面积较大，画面中经常需要有建筑物和树木等投影投射到地面上，利用光影效果来美化平淡的地面形象，为规范、平直的街道增添了路面气氛。对路面上的倒影形象处理要单纯、简化一些，以保证画面的整体感不被破坏。

在建筑钢笔画中对地面铺装的表现一般是比较概括的，以突出铺装的特征、效果为主。石板、木板、卵石、铺砖等是建筑环境设计中常用的铺装形式，在手绘画面中也是最有代表性的几种表现形式。

（1）石板

石板是自然界中致密的岩石，通过人工的锯解、凿平而变成的一种石材，在建筑配景中经常用到，像建筑前的广场、阶梯、池台等都会运用到石板。石板的表现多少都会有倒影的渲染，表达形象要单纯、简单，色彩变化要少，明度不宜过高。

（2）木板

木板就是采用完整的木材制成的木板材，这些板材坚固耐用、纹路自然、色泽纯朴。不过，由于天然木材的防腐性、防潮性、抗菌性比较弱，所以我们在建筑景观中常见的为人工防腐处理的木材或者是人工制作的替代品（图3-48）。

木板多为天然的材料，有自身固有的色泽和纹路，给人亲切的感觉，不会像钢铁、石板那样让人感到冷冰冰。

在建筑钢笔画表现的时候，要跟随木板的方向进行绘制。注意，因为是大面积的铺设，所以不要去细致刻画木材的纹理，直接默认为Z字形或N字形罢笔即可。

图3-48

（3）卵石

卵石作为一种纯天然的石材，经历地壳运动后由古老河床隆起产生的砂石山中，又经山洪冲击、流水搬运过程中不断的挤压、摩擦，被砾石碰撞摩擦失去了不规则的棱角，多见于公共建筑、别墅、庭院建筑、路面铺设、公园假山、园林艺术和其他高级上层建筑。卵石既能弘扬东方古老的文化追求，又可体现西方古典优雅、返璞归真的艺术风格。

卵石大小不一、圆润光滑，所以大家在手绘练习的时候，用笔一定不要拘谨，要轻松自如，随性而画，但要控制大小，注意疏密结合（图3-49）。

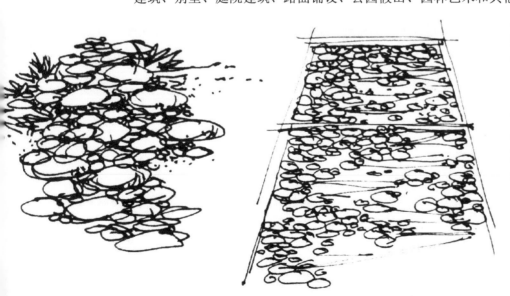

图3-49

3.5.4　天空

　　天空本身是没有颜色的，由于阳光的散射，才使它有了色彩。太阳光在射向地球时，大气层中的空气分子对其中的蓝色光散射较明显，而其他光线则直接射向地表，这就是为什么我们看到的天空是蓝色的原因。没有阳光的照射，天空会像夜晚一样漆黑一片。

　　因为天空在画面中占有的比重较大，所以它在整个建筑钢笔表现图中的重要性可想而知。但正因为天空占有很大的一块空间，所以很多人不知道从何处着手绘制，而如果空着不去画，又显得画面空旷、不完整，如果细致刻画的话，又担心破坏了画面整体感。

　　我们的天空主要是由蓝天、白云所组成的，所以云也是天空配景中的主要部分。云是停留在大气层上的水滴或冰晶胶体的集合体。云的形态各异、变化万千，根本就没有具体的形态，其表现也要遵循自然规律。云也分几种，我们经常见到的是底云里的积雨云和积层云（图3-50）。

积雨云

积层云

图3-50

第 4 章

建筑钢笔画的综合表现

4.1 建筑钢笔画的构图原理

4.1.1 构图的概念

构图是建筑钢笔画表现技巧的一个重要组成部分。具体而言，是指设计师把画面诸视觉要素进行排列，配置出艺术性较高的画面，即在形式美上达到视觉的点、线、面合理而富于美感的画面。

在建筑钢笔画中，要达到构图的目的，就要把构思中突出的建筑或景物加以强调，弱化其他次要的配景，并恰当地安排背景环境，使作品艺术效果更完善。

不论是建筑手绘、风景画，还是其他的图像表达形式，其构图一般都要满足以下要求。

① 在图像表现中的一切，都应当从属于作品基本内容的表达。

② 图像中的一切形式因素，都应当相互保持联系。

③ 作品应当通过构图，形成一个吸引观众最大注意力的视觉中心。

④ 作品尺寸的大小，应配合它的内容；画幅的长宽比例应服从构图的需要。

4.1.2 构图的原则

构图要达到平衡，就必须把握如下原则。

（1）对称与均衡

均衡是构图中一项最基本的原则。均衡的形式多样。在视觉感受上，画面中深色比浅色重，粗线条比细线条重，笔触密集的比疏松的重，由此形成视觉均衡形式的多样化，从而使不同构图的建筑钢笔画表现出不同的均衡美（图4-1）。

图4-1

对称是均衡的一种形式，是最稳定而单纯的均衡，它能显示出物体高度整齐的状态，营造完美、庄严、和谐、静止的效果，主要应用于装饰与图案上。在西方的古典主义建筑和园林中经常会看到对称的处理手法。但对称的形式往往也会产生单调、缺乏生趣等弊病（图4-2）。

（2）对比与协调

　　构图中的变化与统一，即对比与协调。在绘画中，总是通过对比来追求变化，通过协调来获得统一。在画面中如果忽视这一构图法则，失去变化统一的效果，其表达的主题就不会生动，也不可能获得最完满的形式美感。

图4-2

画面中的对比变化因素很多，包括建筑视点、视平线的变化，位置重复与变异的变化，形的对比变化，建筑形体与空间大小的对比变化。协调是近似的关系。对比是差异的关系。对比要通过画面诸形式因素的倾向性和近似的关系来获得协调感。以协调与统一占优势的构图，如果在画面中增加一点对比变化的因素，会使整个画面不单调，而充满生动感，这充分显示了对比统一构图法则的艺术表现力。比如通过上方高耸的建筑来协调下方过满的情况，来调节构图关系（图4-3）。

图4-3

4.1.3 构图的形式

常用构图形式如下。

（1）均衡构图

均衡构图给人以满足的感觉，画面结构完美无缺，安排巧妙，对应而平衡（图4-4）。

图4-4

图4-5

（2）对称构图

对称构图具有平衡、稳定、相对的特点。缺点是呆板，缺少变化，常用于表现对称的物体以及特殊风格的物体（图4-5）。

（3）多变式构图

　　多变式构图中，景物有意安排在画面中的某一角或某一边，能给人以想象和思考，并留下进一步判断的余地，富于韵味和情趣（图4-6）。

图4-6

（4）S形构图

画面上的景物呈S形曲线的构图形式，具有延伸、多变的特点，给人一种优美、雅致、协调的感觉（图4-7）。

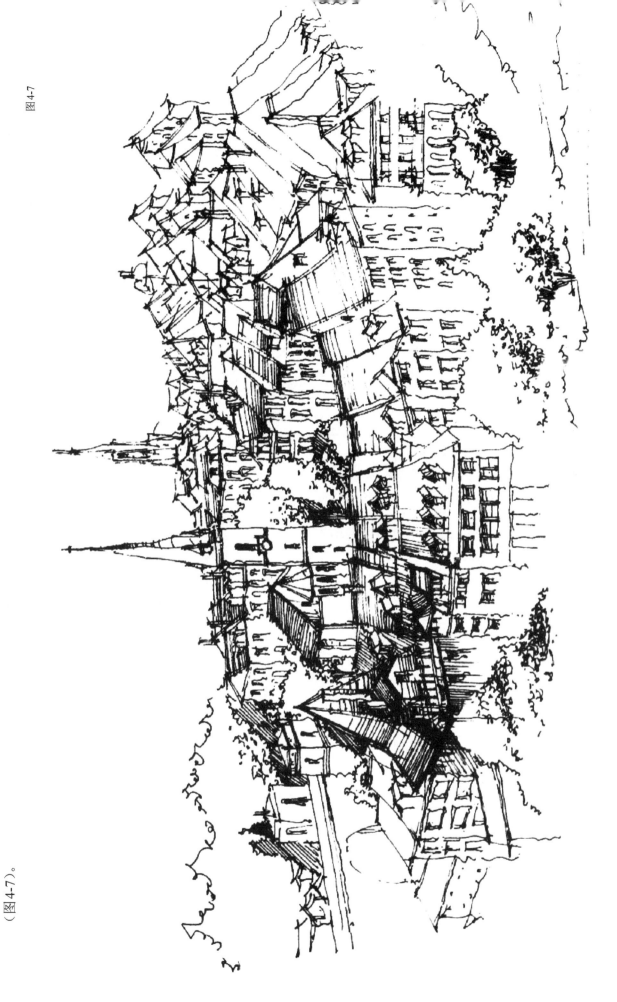

图4-7

（5）X形构图

　　线条、影调按X形布局，透视感强，有利于把人们的视线由四周引向中心，或使景物具有从中心向四周逐渐放大的特点（图4-8）。

图4-8

（6）三角形构图

　　以三个视觉中心为景物的主要位置，这种三角形可以是正三角，但最常用的是斜三角形。三角形构图具有安定、均衡、灵活等特点（图4-9）。

图4-9

4.1.4 画面主次问题

　　构图的要点主要包括主次分明、布局合理、突出特征等。建筑钢笔画中的主次分明是指主景和配景要有明确的虚实关系。我们要描绘和设计的内容分主景和次景，就像风景画中有近景、中景、远景之分。如果只刻画主景而缺乏次景，这样会使主景显得孤立、单薄，空间感不强；只有次景而缺乏主景的刻画，会导致描绘的景物出现无主次、主体不分明或者是无主题的局面。主景和次景应该是相关联的，它们之间是有呼应关系的，如远近、大小、高低、虚实等都有一定的过渡关系，有明确的重点表现景物以及主景物有明显的特征基调（图4-10）。

图4-10

4.2 建筑钢笔画透视图绘制步骤讲解

4.2.1 图书馆建筑钢笔画透视图绘制步骤

由于画面中图书馆的建筑位置靠右，地面植物过多，在画图时应该尽量修正建筑位置，减少地面面积的用笔（图4-11）。

图4-11

① 起稿阶段的构图，要考量建筑在画面中的大小，强化建筑的透视角度，用铅笔线条流畅地表达出整个建筑的体块即可（图4-12）。

图4-12

建筑钢笔画
Pen-and-ink Drawing of Architecture

② 在上钢笔线及细致刻画阶段，体块的交接处要表达清楚，地面道路线要平缓流畅，不要过多地画重复线条，注意用简单而流畅的线条表现出云朵（图4-13）。靠近地面的玻璃因为有环境的影响，适当添加一些竖向短线。注意窗洞因凹凸产生的侧表面以及下表面，要把其结构表达清晰。增加一对中景树以丰富立面效果，注意后面的树要低一些、少一些（图4-14）。

图4-13

图4-14

③ 最后，遵循天多地少的原则，调整和深入刻画画面细节。注意收边树一定要画得恰到好处，不能抢占主体建筑的作用，颠倒主次关系。注意收边树的绕线，尽量用尖角去转折。阴影的排线要有层次，做到有疏有密，疏密过渡要自然。云的排线做到离建筑近的部分密，远离建筑的地方疏，这样才能把建筑很好地衬托出来（图4-15）。

图4-15

4.2.2 欧式别墅钢笔画透视图绘制步骤

欧式建筑多出现于建筑写生中。欧式建筑的难度在于复杂的结构和线脚，画图者往往会被复杂的线脚弄得不知如何下手。正确的画法是从整体入手，先画结构，再画材质，最后画阴影，逐步将线稿细化，注意出挑的下表面和厚度不能忽略不画。

① 铅笔定形。铅笔稿定形时要做到体块紧凑，主次入口前的道路要合理。该建筑为别墅，不宜画过多的人。注意在开始画草图的时候，建筑的位置和前后关系比较重要（图4-16）。

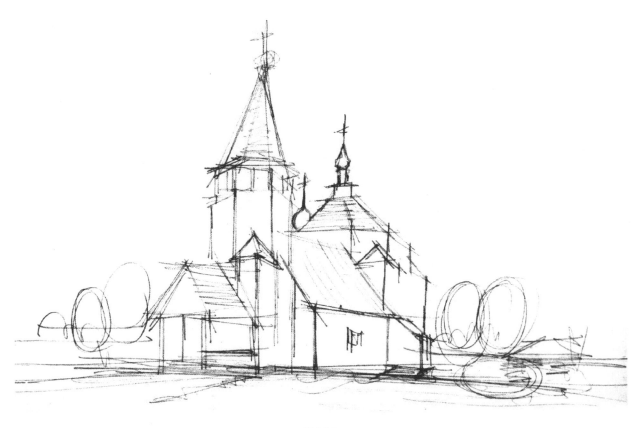

图4-16

② 线稿勾勒。分清木板的材质线和阴影的排线，先将建筑的结构和材质线交代清楚，以便于下一步阴影的刻画。阴影部分的线条要整齐，阴影的形状要勾画准确，注意不要受木板材质线的影响（图4-17）。

图4-17

③ 配景植物可以烘托建筑温馨的气氛。这里主要添加树、草地、道路和云朵，让整个建筑画面更加丰富，明确画面的主次关系（图4-18）。

图4-18

4.2.3 商业建筑钢笔画透视图绘制步骤

这是一个不规则的商业建筑组合，其透视也不在同一消失点上。绘制时，只要保证每个体块符合近大远小的原则即可。

① 根据不规则建筑的大致斜度进行铅笔定形，不同体块间的组合及衔接要准确（图4-19）。

图4-19

② 根据透视对不同体块进行建筑细化。不同高度的楼层按透视原则进行变化。不同层次的植物可根据画面构图需要进行定位（图4-20）。

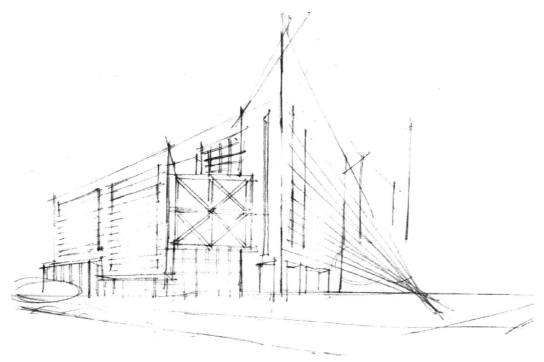

图4-20

③ 在线稿定位的基础上对建筑进行勾勒，建筑与地面接触区域用人物来调整，尽量使人物与建筑显得更加自然（图 4-21）。

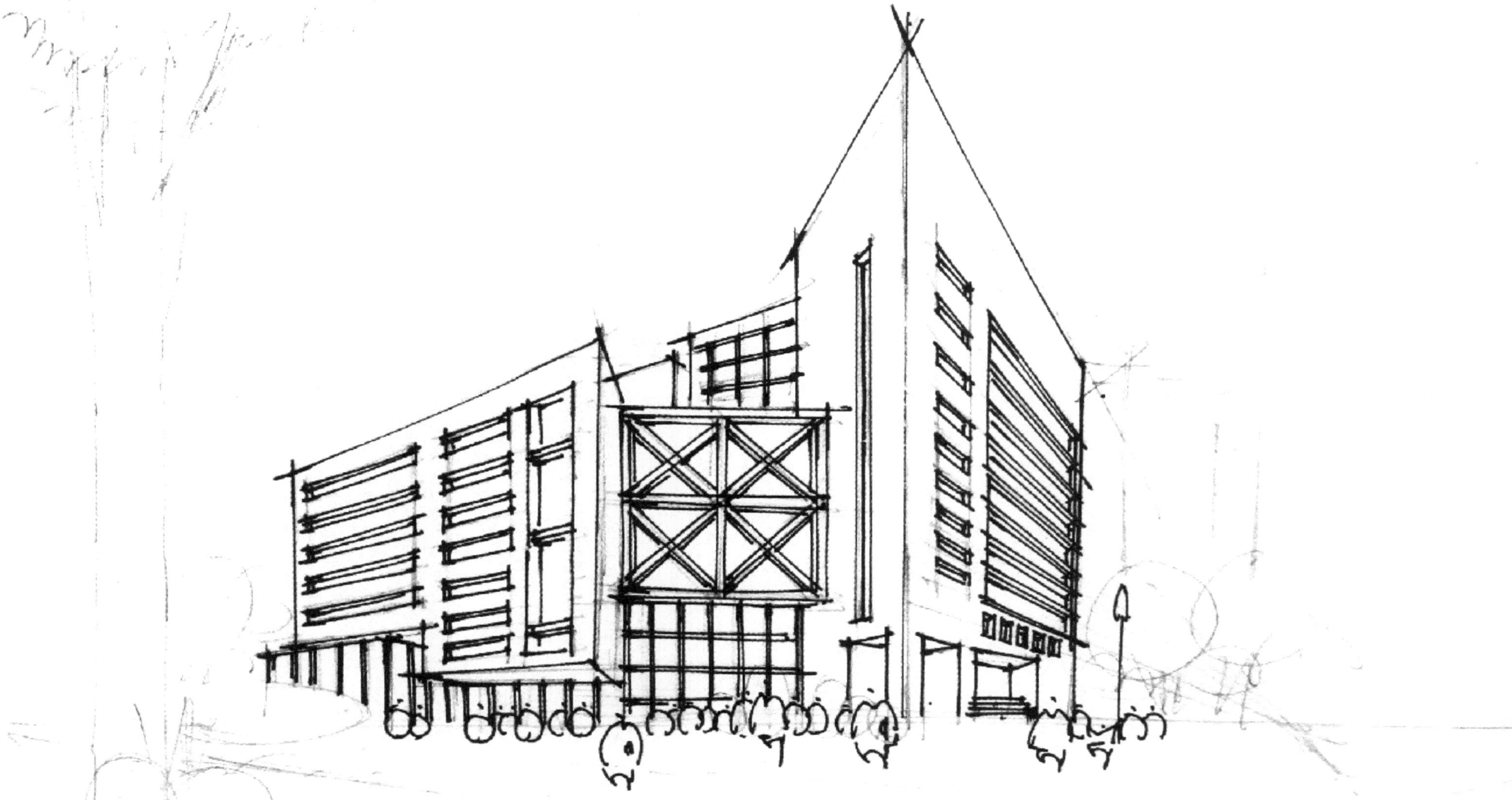

图 4-21

④ 确定好建筑后，对场景中的植物、地形进行刻画，建筑、植物的明暗关系通过排线来处理（图4-22）。

图4-22

4.2.4 高层建筑钢笔画透视图绘制步骤

高层建筑表现的主要难点在于每层线条的透视方向要准确无误，周边可用配景建筑体现主体建筑的高度，不要添加收边树。

① 先简单地勾勒出建筑的外形，注意透视关系一定要准确，可以将灭点定在画面地平线的两侧，连接大结构线与灭点，形成透视线，最后勾勒出高层建筑的基本大结构线（图4-23）。

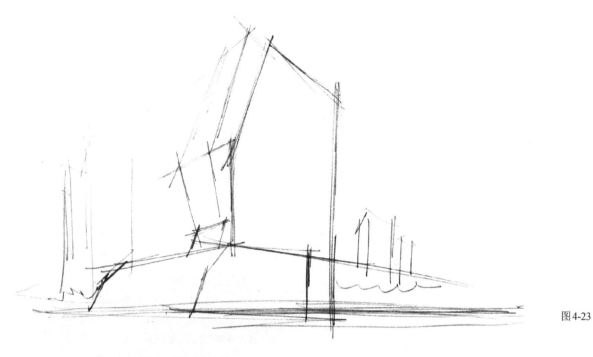

图4-23

② 首先刻画建筑的结构，由于线条比较多，刻画的时候一定要沉住气慢慢勾勒，竖线一定要垂直于地面且互相平行。在幕墙亮部的位置可断开竖线，产生强光照射的效果，这样能比较完整地体现出建筑的特点（图4-24）。

图4-24

③ 高层建筑暗面的线条一定要排列整齐，让整个建筑表现得更加沉稳。要保证亮面的干净与清爽，建筑的整个效果就会凸显出来。云尽量水平衬托在建筑后面，配景植物不要过高，地面要简洁（图4-25）。

图4-25

第 5 章

建筑钢笔画作品赏析

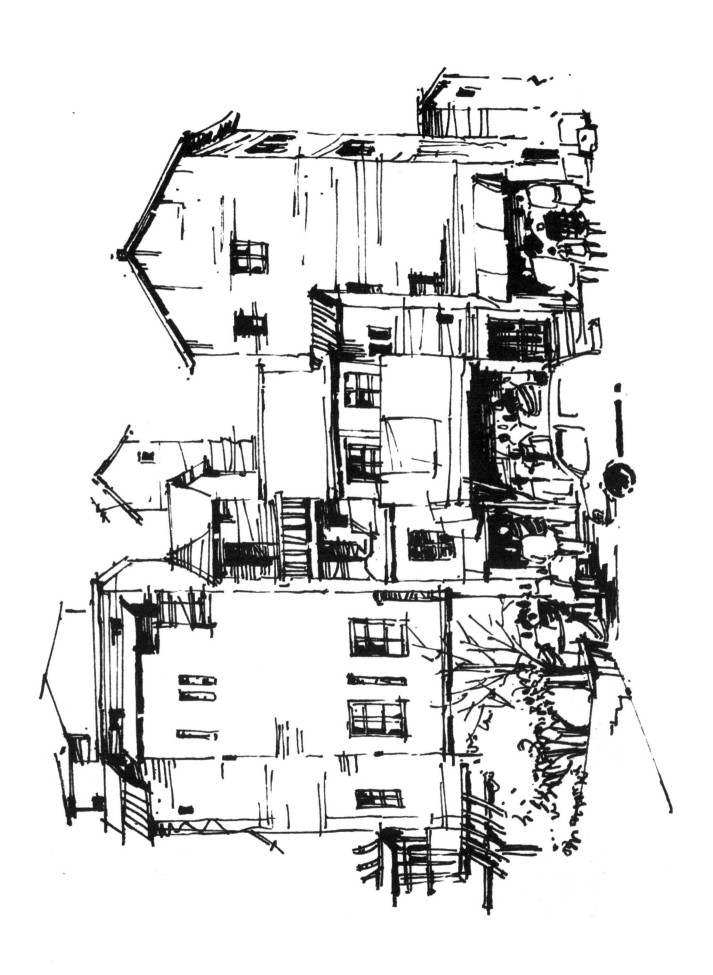

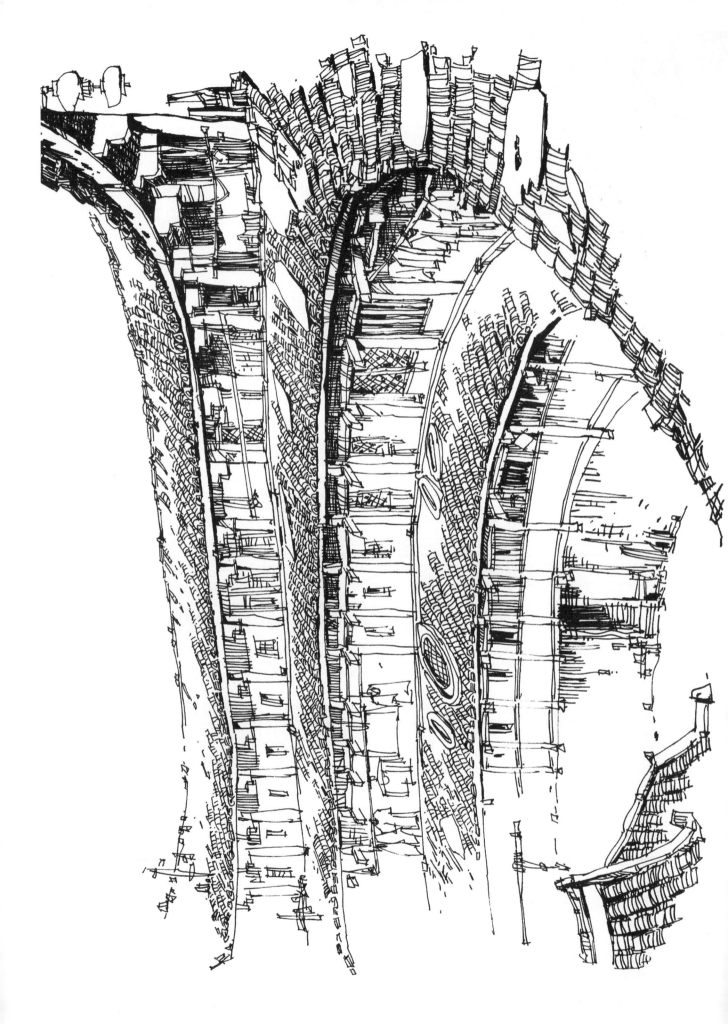

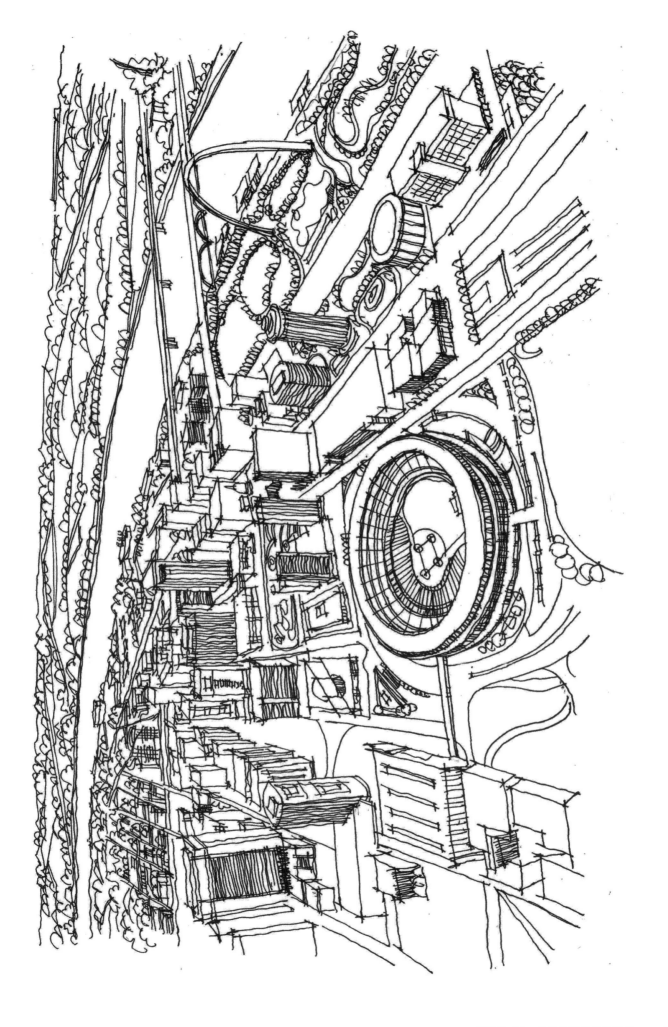

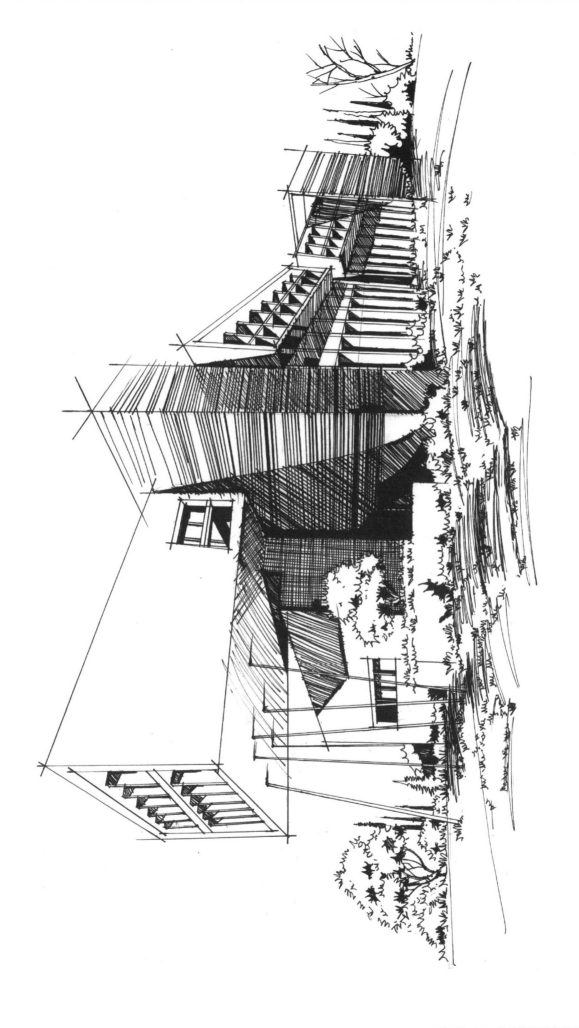

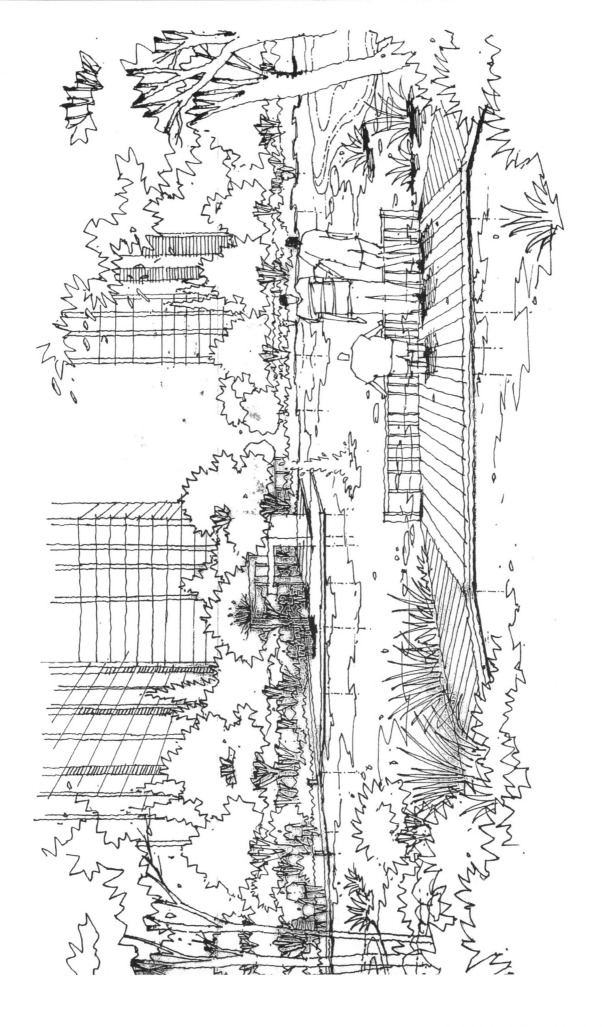

参考文献

[1] 董月明，赵艺源，张毅. 建筑设计手绘技法从入门到精通. 北京：人民邮电出版社，2016.

[2] 李延龄，李李，丁蔓琪，刘骜. 建筑绘画与表现技法. 北京：中国建筑工业出版社，2010.

[3] 郑权一，金梦潇. 建筑设计手绘实例教程. 北京：人民邮电出版社，2016.

[4] 赵永雷. 钢笔画表现技法基础教程. 天津：天津人民美术出版社，2018.

[5] 郑昌辉. 新概念建筑钢笔画. 北京：清华大学出版社，2014.

[6] Gordon Grice 著. 建筑表现艺术. 格明译. 天津：天津大学出版社，1999.

[7] 王伟华，吴义曲. 景观设计快速表现. 武汉：湖北美术出版社，2009.

[8] 鲁愚力. 鲁愚力钢笔画与技法. 黑龙江科学技术出版社，1996.

[9] 赵杰. 建筑手绘效果图表现. 华中科技大学出版社，2013.

[10] 刘志成. 风景园林快速设计与表现北京：中国林业出版社，2012.

[11] 刘红丹. 风景园林景观手绘表现：基础篇. 辽宁美术出版社，2013.

[12] 叶武. 设计手绘. 北京：北京理工大学出版社，2007.